毛通 著

区域信用海洋经济指数编制方法与应用研究

QUYU XINYONG HAIYANG JINGJI ZHISHU BIANZHIFANGFA YU YINGYONG YANJIU

U0305231

浙江工商大学出版社

图书在版编目(CIP)数据

区域信用海洋经济指数编制方法与应用研究 / 毛通
著. — 杭州:浙江工商大学出版社,2015.10
ISBN 978-7-5178-1058-2

Ⅰ. ①区… Ⅱ. ①毛… Ⅲ. ①海洋经济-区域经济-
信用-指数-编制-研究 Ⅳ. ①P74

中国版本图书馆 CIP 数据核字(2015)第 091688 号

区域信用海洋经济指数编制方法与应用研究

毛 通 著

责任编辑	谭娟娟 刘 韵	
责任校对	傅 恒	
责任印制	包建辉	
出版发行	浙江工商大学出版社	
	(杭州市教工路 198 号 邮政编码 310012)	
	(E-mail:zjgsupress@163.com)	
	(网址:http://www.zjgsupress.com)	
	电话:0571-88904980,88831806(传真)	
排 版	杭州朝曦图文设计有限公司	
印 刷	浙江云广印业股份有限公司	
开 本	710mm×1000mm 1/16	
印 张	10.5	
字 数	200 千	
版印次	2015 年 10 月第 1 版 2015 年 10 月第 1 次印刷	
书 号	ISBN 978-7-5178-1058-2	
定 价	27.00 元	

目 录
CONTENTS

第一章
MECI 编制的背景与意义

一、编制 MECI 的背景

中国是发展中的海洋大国,海洋对我国有着广泛的战略利益。大力发展海洋经济,是加快实施"走出去"战略和 21 世纪海上丝绸之路国家战略、推进海洋强国建设的必由之路。《中华人民共和国国民经济和社会发展第十二个五年规划纲要》将海洋经济提高到了国家战略的高度,党的十八大报告更是做出了建设海洋强国的重要战略部署。在此背景下,2012 年《全国海洋经济发展"十二五"规划》(后简称《规划》)正式出台,《规划》指出:"要优化海洋经济总体布局,形成层次清晰、定位准确、特色鲜明的海洋经济空间开发格局。"充分发挥环渤海、长三角和珠三角三个经济区的引领作用,推进形成我国北部、东部和南部的三个海洋经济圈;结合落实国家关于沿海区域发展的部署,着力培育一批重要的海洋经济增长极。

"十二五"时期是推进海洋产业结构调整升级,加快海洋经济发展方式转变,推动海洋经济向质量效益型转变的重要阶段。海洋经济的发展面临新的机遇,但同时也存在着诸多严峻挑战。

从国际来看,经济全球化深入推进,国际产业分工和转移加快,科技创新孕育新的突破,新技术的推广和应用促进了海洋经济结构转型升级,这为我国加快实施海洋经济"走出去"战略,推进海洋经济在更广范围、更大规模、更深层次上参与国际合作与竞争,进一步拓展新的开放领域和发展空间提供了良好条件。从国内来看,我国综合国力稳步增强,工业化、城镇化深入发展,经济发展方式加快转变,市场需求潜力不断扩大,科技教育水平显著提升,基础设施日趋完善,宏观调控能力明显提高,也为海洋经济加快发展创造了良好条件。2011—2013 年间,全国海洋生产总值年均增速为 8.63%,海洋矿业、海洋化工业、海洋生物医药业、海洋电力业、海洋工程建筑业、滨海旅游业均保持了两位数的增长,2013 年全国海洋生产总值达到 54 313 亿元,海洋生产总值占国内生产总值的 9.5%。在区域海洋经济建设方面,我国逐步形成了环渤海、长三角、珠三角、海峡西岸、环北部湾和海南六大海洋经济区,形成大连、天津、青岛、上海、舟山、宁波、厦门、广州八大海洋产业集聚中心。应该说,我国海洋经济在此期间继续保持快速发展的节奏并取得了显著成就。

但与此同时,受国际金融危机的影响,全球经济发展和市场需求仍存在诸多不确定性,各种形式的保护主义抬头;随着能源资源竞争的不断加剧,围绕海洋资源的权益争夺将愈演愈烈;地区性摩擦和冲突频发,主要国际航线面临的非传统安全领域威胁日趋严峻;海洋生态环境约束日益显现,全球气候变化与海洋灾害影响加剧等问题更加突出,这些因素对我国海洋经济发展提出了严峻挑战。同时,我国海洋经济发展不平衡、不协调和不可持续的问题依然突出,粗放型增长方式尚未根本转变,产业结构和布局不尽合理,自主创新和技术成果转化能力不强,资源与生态环境约束加剧,保障发展的体制机制尚不完善,这些因素仍制约着我国海洋经济的持续健康发展。"十二五"前期,受世界经济复苏乏力和国内经济增速放缓等诸多因素的影响,海洋经济发展速度持续减缓,海洋产业发展出现分化。2013 年,除滨海旅游业和海洋生物医药业的增长速度高于 2012 年之外,其余海洋产业的增长速度均出现了下滑,其中海洋船舶工业、海洋盐业经济效益下滑,连续 2 年出现负增长,发展形势十分严峻;海洋交通运输业由于受全球航运市场持续低迷的影响,增长速度持续 4 年放缓,2013 年增速仅为 4.6%,远低于全部海洋产业全年 7.6% 的增速;此外,海洋工程建筑业和海洋电力业也连续减速。

应该说,伴随着中国经济进入增速换挡的新常态,海洋经济的发展也将迎来产业转型升级和发展方式转变的换挡期。在此背景下,各地亟待加强对海洋经济发展方式转变和布局优化的指导与调节,进一步完善海洋经济调控体系,切实提高海洋经济监测评估的能力。尤其需要注意防范和化解海洋产业结构调整升级及海洋经济发展方式转变过程中积累的产业风险。因此,需要一些能够合理反映产业风险大小、监测与评估海洋经济的工具。编制区域信用海洋经济指数便成为一个合理的选择。

现代市场经济是信用经济。信用风险是我国海洋产业在转型升级和经济发展方式转变这一特殊时代背景下面临的一类主要风险。编制区域信用海洋经济指数,可以客观衡量与准确评价海洋各产业部门的信用风险,并及时发出信用预警信号,对有效防范和及时化解海洋产业信用危机、指导海洋产业健康可持续发展,具有十分重要的意义。

二、MECI 的内涵

区域信用海洋经济指数(Marine Economy Credit Index,MECI)是以海洋经济为主题,海洋相关产业为主体,企业信用风险评价为核心,运用统计指数相关原理编制的,用以综合反映海洋相关产业企业信用变动趋势和变动程度的指数化分析工具,是反映一地海洋产业信用状况的"晴雨表"。

区域信用海洋经济指数系统(Marine Economy Credit Index System,MECIS)由两大子系统构成:区域信用海洋经济综合指数子系统和区域信用海洋经济早期预警指数子系统,如图 1-1 所示。

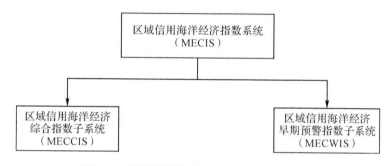

图 1-1　区域信用海洋经济指数系统架构体系

区域信用海洋经济综合指数子系统(Marine Economy Credit Comprehensive Index System,MECCIS),是用于综合反映区域海洋产业整体信用水平的指数化分析工具,其主要着眼于对区域海洋产业信用现状的刻画。

区域信用海洋经济早期预警指数子系统(Marine Economy Credit Early Warning Index System, MECWI),是在 MECCI 基础上,构建的一套相对独立于 MECCI 的、具有早期信用预警功能的系统,其主要着眼于对区域海洋产业信用风险的早期预警。

MECCIS 和 MECWIS 两大体系共同组成了 MECIS,两者相互关联又功能各异。MECCIS 是对区域信用海洋经济的全方位综合评价,其主要着重于对信用现状的客观评价与分析,而 MECWIS 是对区域信用海洋经济早期信用风险的预警,其主要着重于对信用变动趋势的预测与分析。两者相辅相成,共同实现区域信用海洋经济的评价与分析。

MECI 是在各地探索信用海洋经济建设的现实背景下,以当地海洋相关产业企业为信用主体,通过运用现代统计综合指数的方法编制而成,用于反映当地产业宏观、区域中观和企业微观层面信用综合变动方向、变动程度和发展趋势的。它可以满足管理部门在区域性海洋经济建设中对当地信用生态监管的需要，可以成为反映区域产业企业核心竞争力的重要参考依据，同时这也是区域信用海洋经济建设中取得的一项成果，是当地经济"软实力"的一大象征。

三、MECI 的特征与功能

（一）MECI 的特征

1. 评价对象

MECI 紧紧围绕海洋相关产业的信用编制而成，指数以信用海洋经济为主题，综合反映海洋相关产业多个层面和维度的信用状态，这是其有别于其他任何信用指数最为显著的特征。

2. 指标体系

MECI 的指标体系着眼于区域中观层面，从海洋产业基本素质、经济实力、发展潜力、偿债能力、营运能力和信用环境 6 个维度构建 MECCIS 的三层级（一级、二级和三级）指标体系，是一个全面评价海洋产业信用的综合性指标体系；而 MECWI 则是在 MECCI 指标基础上，遴选出的少数几项具有先行性和预警性功能的指标组成的预警体系。

3. 评价方法

MECCI 在多指标综合评价模式上采用兼顾"功能性"的乘法合成模型与"均衡性"的线性加权综合模型的组合集结评价模型。MECCI 的一级指标和三级指标合成公式采用线性加权方法，其主要突出评价对象的差异性，允许取长补短，而在反映海洋产业信用 6 个维度内部的二级指标层，采用非线性加权综合法中的乘法合成模型，用于体现受评对象在各个维度上的均衡性。MECWI 则采用线性加权综合模型。

4. 指数模型

MECI 采用目前较为流行的基于多指标综合评价的加权综合指数法编制。无论是 MECCI 还是 MECWI，均通过横向的产业信用维度和纵向的海洋产业门类双向加权合成指数编制，这是一种基于双向分层嵌套平衡表格式的综合指数评价方法，可以同时进行横向的产业信用维度和纵向的海洋产业门类交叉分类指数的编制，从而满足分维度、分行业等多个角度信用分析的需要。

5. 指数权重

MECI 由指标权和行业权双向权向量加权合成。MECCI 的指标权采用主观赋权和客观赋权相结合的赋权方式,在一级指标层上采用群组 AHP 确权方法,在二级指标层采用均方差确权方法,在三级指标层上则采用序关系确权(G1-确权)法,MECWI 指标权则是在 MECCI 指标权的基础上推算得到。在行业权设置上,两者均依据历年行业产值占比来确定,并采用移动加权方式对其逐年加以调整。

6. 指数数据

编制 MECI 的数据主要来源于区域层面上对各海洋产业代表性企业的信用评级调查。在本书后面的实证研究中,数据由两家评级公司提供。在样本选择上,采用目前指数编制中常用的"划类选典"法,从评级数据库中抽取与海洋相关产业的企业,并通过样本轮换方式,编制综合指数和预警指数。

(二)MECI 的功能

1. 信用分析功能

从信用经济分析的视角来看,信用海洋经济指数的编制具有以下几点作用:第一,可以客观反映一地在大力发展海洋经济过程中相关产业信用的综合变动方向和变动程度;第二,可以用于分析造成该地区海洋相关产业信用变动的影响因素、影响方向和影响程度;第三,可以用于分析判断该地区海洋相关产业信用变动的长期趋势和发展规律;第四,可以进行不同海洋产业间信用状况的比较分析;第五,可以进行跨区域信用比较分析;第六,对样本企业信用评价的结果可以作为该企业了解和评估自身信用状况的参考依据。

2. 信用监管功能

从政府信用监管的视角来看,信用海洋经济指数的编制具有以下几点作用:第一,可以让政府管理部门分析评价一地海洋产业信用生态整体水平和变动状况,成为反映当地企业信用生态的"晴雨表",是对海洋产业企业信用监管的工具;第二,可以为中国人民银行等金融管理部门提供一个分析评价海洋产业企业整体信用风险的工具,以便及时管控金融机构信贷风险,合理引导信贷资金走向;第三,可以成为该地信用海洋经济建设中取得的一项重要成果,是反映新区产业企业核心竞争力、体现该地区经济"软实力"的一大象征。

3. 信用预警功能

从信用风险预警的视角来看,MECI 的编制有以下几点作用:第一,可以根据指数分值所处的区间对区域海洋产业信用风险进行灯号预警;第二,可以构建指数时间序列,进行趋势预测和波动预测,从而实现短期和长期的信用风险预警;第三,可以实现分行业预警、分地区预警、分规模预警等多种预警功能,满足不同层面分析的需要。

四、MECI 的行业分类标准

(一)编制 MECI 涉及的两种行业分类

MECI 主要以区域海洋产业的企业信用为研究对象,首先对来自不同行业的企业进行信用评价,然后再按照不同行业分类编制指数。由于当前的企业信用评价按照国民经济行业分类标准实施,而 MECI 则需要按照海洋经济行业分类输出,编制 MECI 的过程中会涉及两种常见的行业分类方法:一是国民经济行业分类方法;二是海洋经济行业分类方法。

从国民经济行业分类的角度进行划分,在对各样本企业分行业进行信用评价的过程中,其行业分类标准和行业参考值标准的设定主要依据的是该种分类方法。本书采用《国民经济行业分类(GB/T 4754—2011)》分类标准,即将全部国民经济行业划分为 20 个行业门类、96 个行业大类、960 个行业中类、8 234 个行业小类。

从海洋经济行业分类的角度进行划分,在编制 MECI 行业分类指数的过程中,采用该种分类方法。由于海洋经济行业分类标准是编制 MECI 行业分类指数的基础,对其分类体系的探讨十分必要,下面对此加以研究。

(二)当前关于海洋经济产业分类的研究进展

信用海洋经济指数是以海洋经济为主题、反映海洋相关产业企业信用状况的指数化工具。指数的编制离不开对海洋经济及海洋产业分类体系的研究。目前,国内已经从理论和实践层面对上述问题进行了探讨。

1. 理论层面

何广顺等学者从理论层面对分类体系进行了研究,将海洋经济划分为 3 个层次,如图 1-2 所示,第一层是海洋经济的核心层,第二层是海洋经济的支持层,第三层是海洋经济的外围层。[①] 核心层为主要的海洋产业,包括海洋渔业、海洋油气业、海洋矿业、海洋船舶工业、海盐业、海洋化工业、海洋生物医药业、海洋工程建筑

---

① 何广顺、王晓惠:《海洋及相关产业分类研究》,海洋科学进展 2006 年第 24 卷第 3 期,第 365—370 页。

业、海洋电力业、海水利用业、海洋交通运输业、滨海旅游业；支持层为海洋科研教育管理服务机构，包括海洋信息服务业、海洋保险社会保障业、海洋科学研究、海洋技术服务业、海洋地质勘查业、海洋环境保护业、海洋教育、海洋行政管理机构、海洋社会团体与国际组织；外围层为海洋相关产业，包括海洋农林业、海洋设备制造业、涉海产品加工制造业、海洋建筑与安装业、海洋批发与零售业、涉海服务业。这一分类体系以国民经济产业分类标准为依据，结合了海洋经济统计工作的实际，对国内海洋及相关产业的分类具有很好的借鉴意义。

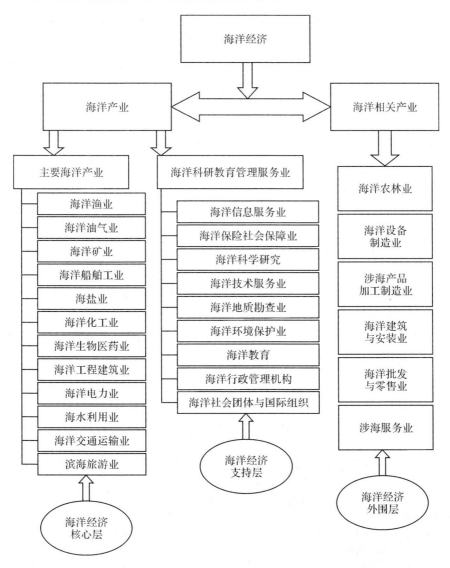

图 1-2　海洋经济系统构成

　　林香红等对海洋产业的国际标准分类进行了比较研究,如表 1-1 所示,把主要沿海国家的海洋产业与国家海洋局公布的海洋及相关产业分类进行了较为全面的比较,从结果可以看出,主要沿海国家海洋产业分类具有很大的相似性。[①]

表 1-1　主要沿海国家海洋产业分类构成比较

产业名称	美国	加拿大	澳大利亚	日本	新西兰	中国
海洋渔业	√	√	√	√	√	√
海洋矿业	√	√	×	√	√	√
海洋油气业	√	√	√	√	√	√
海洋盐业	×	√	√	√	×	√
海洋化工业	×	×	×	×	×	√
海洋生物医药业	×	×	×	×	×	√
海洋电力业	√	×	×	×	×	√
海水利用业	×	×	×	×	×	√
海洋船舶工业	√	√	√	√	√	√
海洋工程建筑业	√	√	√	√	√	√
海洋交通运输业	√	√	√	√	√	√
滨海旅游业	√	√	√	√	√	√
海洋科研教育管理服务业	×	√	×	×	√	√
海洋相关产业	√	√	×	√	√	√
临港工业	×	×	√	×	√	×
政府服务业	×	√	×	√	√	×

2.实践层面

　　从实践层面来看,当前主要包括 3 种常见的分类:一是按照中华人民共和国国家标准《国民经济产业分类》(GB/T 4754—2002)和中华人民共和国海洋产业标准《海洋经济统计分类与代码》(HY/T052—1999)规定的海洋三次产业分类;二是按照国家海洋局《海洋及相关产业分类》(GB/T 20794—2006)公布的海洋产业分类;三是在其他层面上对海洋产业的分类。

　　按照中华人民共和国国家标准《国民经济产业分类》(GB/T 4754—2002)和中华人民共和国海洋产业标准《海洋经济统计分类与代码》(HY/T052—1999)的规定,对海洋三次产业做如下划分:海洋第一产业包括海洋渔业;海洋第二产业包括海洋油气业、海滨砂矿业、海洋盐业、海洋化工业、海洋生物医药业、海洋电力业、海水利用业、海洋船舶工业、海洋工程建筑业等;海洋第三产业包括海洋交通运输业、滨海旅游业,海洋科学研究、教育、社会服务业等。

　　按照国家海洋局公布的《海洋及相关产业分类》(GB/T 20794—2006)来看,海

---

① 林香红等:《海洋产业的国际标准分类研究》,海洋经济 2013 年第 3 卷第 1 期,第 54—57 页。

洋经济包括海洋产业和海洋相关产业两部分。其中,主要海洋产业 12 个,海洋科研教育管理服务业 9 个和海洋相关产业 6 个,共分为 2 个门类、29 个大类、106 个中类和 390 个小类。第一类为海洋产业,包括两部分,一是海洋主要产业,包括海洋渔业、海洋油气业、海洋矿业、海洋盐业、海洋化工业、海洋生物医药业、海洋电力业、海水利用业、海洋船舶工业、海洋工程建筑业、海洋交通运输业、滨海旅游业 12 类;二是海洋科研教育管理服务业,包含 9 类;第二类为海洋相关产业,包含 6 类。可以看出,该体系主要借鉴了何广顺等(2006)学者的分类体系。

此外,还有其他一些层面的分类。例如,《全国海洋经济发展"十二五"规划》中将海洋产业分为:海洋传统产业(包括海洋渔业、海洋船舶工业、海洋油气业、海洋盐业和海洋化工业)、海洋新兴产业(包括海洋工程装备制造业、海洋药物和生物制品业、海洋可再生能源业、海水利用业)、海洋服务业(海洋交通运输业、海洋旅游业、海洋文化产业、涉海金融服务业、海洋公共服务业)。《浙江海洋经济发展示范区规划》中将海洋产业分为:海洋新兴产业(包括海洋装备制造业、清洁能源产业、海洋生物医药产业、海水利用业、海洋勘探开发业)、海洋服务业(涉海金融服务业、滨海旅游业、航运服务业、涉海商贸服务业、海洋信息与科技服务业)、临港先进制造业(船舶工业、其他先进制造业)、现代海洋渔业(海洋捕捞和海水养殖业、水产品精深加工和贸易)。

(三)MECI 的海洋经济产业分类研究

信用海洋经济指数的编制一方面要和现行的统计标准和统计口径保持基本一致,从而保证指数数据来源的质量和指数的权威性;另一方面也需要突出指数的时效性和区域性等特征,反映当前形势下主要海洋产业的信用状况。因此,在遵循主流海洋经济产业分类标准的基础上,MECI 的海洋产业分类标准,如图 1-3 所示。需要指出的是,在结合某一区域进行 MECI 实证研究的过程中,往往还需要在下述分类标准上,对不同产业做适当的取舍与微调。

1. MECI 各海洋经济产业的具体分类及测算范围

关于 19 类海洋经济产业的具体划分如下。

$h1$:海洋渔业。包括海水养殖、海洋捕捞、远洋捕捞、海洋渔业服务和海洋水产品加工等活动。

$h2$:海洋油气业。在海洋中勘探、开采、输送、加工原油和天然气的生产活动。

$h3$:海洋矿业。包括海滨砂矿、海滨土砂石、海滨地热、煤矿开采和深海采矿等采选活动。

$h4$:海洋盐业。利用海水生产以氯化钠为主要成分的盐产品的活动,包括采盐和盐加工。

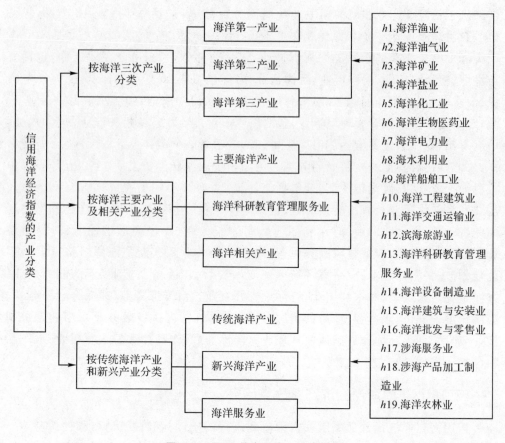

图 1-3 MECI 的海洋产业分类标准

$h5$:海洋化工业。包括海盐化工、海水化工、海藻化工及海洋石油化工的化工产品生产活动。

$h6$:海洋生物医药业。以海洋生物为原料或提取有效成分,进行海洋药品与海洋保健品的生产加工及制造活动。

$h7$:海洋电力业。在沿海地区利用海洋能、海洋风能进行的电力生产活动。不包括沿海地区的火力发电和核能发电。

$h8$:海水利用业。对海水的直接利用和海水淡化活动,包括利用海水进行淡水生产和将海水应用于工业冷却用水和城市生活用水、消防用水等活动,不包括海水化学资源综合利用活动。

$h9$:海洋船舶工业。以金属或非金属为主要材料,制造海洋船舶、海上固定及浮动装置的活动,以及对海洋船舶的修理及拆卸活动。

$h10$:海洋工程建筑业。在海上、海底和海岸所进行的用于海洋生产、交通、娱乐、防护等用途的建筑工程施工及其准备活动,包括海港建筑、滨海电站建筑、海岸堤坝建筑、海洋隧道桥梁建筑、海上油气田陆地终端及处理设施建造、海底线路管道和设备安装活动,不包括各部门、各地区的房屋建筑及房屋装修工程活动。

$h11$:海洋交通运输业。以船舶为主要工具从事海洋运输及为海洋运输提供服务的活动,包括远洋旅客运输、沿海旅客运输、远洋货物运输、沿海货物运输、水上运输辅助、管道运输、装卸搬运及其他运输服务活动。

$h12$:滨海旅游业。包括以海岸带、海岛及海洋各种自然景观、人文景观为依托的旅游经营、服务活动。主要包括:海洋观光游览、休闲娱乐、度假住宿、体育运动等活动。

$h13$:海洋科研教育管理服务机构。开发、利用和保护海洋过程中所进行的科研、教育、管理及服务等活动,包括海洋信息服务业、海洋环境监测预报服务业、海洋保险与社会保障业、海洋科学研究、海洋技术服务业、海洋地质勘查业、海洋环境保护业、海洋教育、海洋行政管理机构、海洋社会团体与国际组织等。

$h14$:海洋设备制造业。海洋渔业专用设备制造、海洋船舶设备及材料制造、海洋石油生产设备制造、海洋矿产设备制造、海盐生产设备制造、海洋化工设备制造、海洋制药设备制造、海洋电力设备制造、海水利用设备制造、海洋交通运输设备制造、滨海旅游娱乐设备制造、海洋环境保护专用仪器设备制造、海洋服务专用仪器设备制造活动。

$h15$:海洋建筑与安装业。包括涉海建筑与安装。

$h16$:海洋批发与零售业:主要包括海洋渔业批发与零售、海洋石油产品批发与零售、海盐批发、海洋化工产品批发、海洋医药保健品批发与零售、滨海旅游产品批发与零售、海水淡化产品批发与零售。

$h17$:涉海服务业。主要包括海洋餐饮服务、海洋渔港经营服务、涉海公共运输服务、涉海金融服务、涉海特色服务、涉海商务服务。

$h18$:涉海产品加工制造业。主要包括海洋渔业相关设备制造、海洋石油加工产品制造、海洋化工产品制造、海洋药物原药制造、海洋电力器材制造、海洋工程建筑材料制造、海洋旅游工艺品制造、海洋环境保护材料制造。

$h19$:海洋农林业。包括海涂农业、海涂林业、海洋农林服务业。

2.海洋三次产业分类及范围

从海洋三次产业分类看 19 个小类的归属,如表 1-2 所示。

表 1-2　按海洋三次产业分类看 19 个小类的归属

按海洋三次产业划分	产业归属
海洋第一产业	$h1.$海洋渔业 $h19.$海洋农林业

续　表

按海洋三次产业划分	产业归属
海洋第二产业	h2.海洋油气业 h3.海洋矿业 h4.海洋盐业 h5.海洋化工业 h6.海洋生物医药业 h7.海洋电力业 h8.海水利用业 h9.海洋船舶工业 h10.海洋工程建筑业 h14.海洋设备制造业 h15.海洋建筑与安装业 h18.涉海产品加工制造业
海洋第三产业	h11.海洋交通运输业 h12.滨海旅游业 h13.海洋科研教育管理服务机构 h16.海洋批发与零售业 h17.涉海服务业

3.海洋主要及相关产业分类及范围

从海洋主要及相关产业分类看 19 个小类的归属,如表 1-3 所示。

表 1-3　按海洋主要及相关产业分类看 19 个小类的归属

按海洋主要及相关产业划分	产业归属
主要海洋产业	h1.海洋渔业 h2.海洋油气业 h3.海洋矿业 h4.海洋盐业 h5.海洋化工业 h6.海洋生物医药业 h7.海洋电力业 h8.海水利用业 h9.海洋船舶工业 h10 海洋工程建筑业 h11.海洋交通运输业 h12.滨海旅游业
海洋科研教育管理服务业	h13.海洋科研教育管理服务业

按海洋主要及相关产业划分	产业归属
海洋相关产业	h14.海洋设备制造业 h15.海洋建筑与安装业 h16.海洋批发与零售业 h17.涉海服务业 h18.涉海产品加工制造业 h19.海洋农林业

4.传统海洋产业和新兴海洋产业分类及范围

从传统海洋产业和新兴产业分类看 19 个小类的归属,如表 1-4 所示。

表 1-4　按传统海洋产业和新兴海洋产业划分看 19 个小类的归属

按传统海洋产业和新兴海洋产业划分	产业归属
海洋传统产业	h1.海洋渔业 h2.海洋油气业 h3.海洋矿业 h4.海洋盐业 h5.海洋化工业 h9.海洋船舶工业 h19.海洋农林业
海洋新兴产业	h6.海洋生物医药业 h7.海洋电力业 h8.海水利用业 h14.海洋设备制造业 h10 海洋工程建筑业 h15.海洋建筑与安装业 h18.涉海产品加工制造业
海洋服务业	h11.海洋交通运输业 h12.滨海旅游业 h13.海洋科研教育管理服务业 h16.海洋批发与零售业 h17.涉海服务业

五、MECI 研究架构与主要内容

(一)MECI 研究架构

MECI 的研究架构如图 1-4 所示。

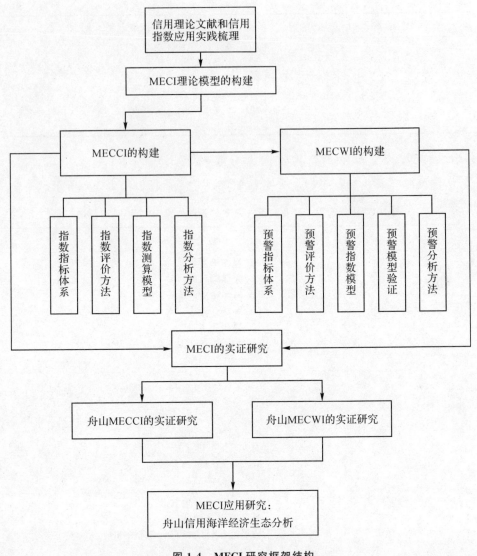

图 1-4　MECI 研究框架结构

(二)MECI 主要内容

根据上述 MECI 的研究架构,全书共分为 8 个章节:

第一章为 MECI 编制的背景与意义。主要介绍 MECI 的内涵,编制 MECI 的背景与目的,MECI 的特征与功能,以及 MECI 的行业分类标准。

第二章为 MECI 理论模型。主要在通过对国内外信用指数理论和信用指数实践应用的系统梳理和研究评述的基础上,构建 MECI 理论模型。

　　第三章为 MECCI 的评价指标体系。主要对 MECCI 指标体系构建的基本原则、MECCI 三层级指标体系的构建、各级评价指标的内涵与测算方法等内容进行介绍。

　　第四章为 MECCI 的综合评价方法。主要描述 MECCI 指标无量纲化方法和标准值的设定、定性指标的定量化方法、MECCI 指标权重和行业权重的设置方法、MECCI 指标合成方法与评价结果等级划分等相关内容。

　　第五章为 MECCI 的模型。主要介绍 MECCI 的指数编制的基本原则，MECCI 的指数体系、MECCI 的指数计算模型，以及 MECCI 的分析方法。

　　第六章为 MECCI 的实证研究。主要结合浙江舟山群岛新区，在对样本数据加工整理和分析基础上，编制舟山 MECCI。

　　第七章为 MECWI 模型及实证研究。主要介绍 MECWI 预警指标的遴选、MECWI 的编制、MECWI 的预警分析方法，以及浙江舟山群岛新区海洋产业 MECWI 的编制等相关内容。

　　第八章为 MECI 的应用研究。通过对浙江舟山群岛新区 MECCI 和 MECWI 的测算结果，对其信用生态环境进行分析与预警。

第二章
MECI 理论模型

一、国内外信用指数理论研究现状及相关评述

(一)信用指数理论研究进展

信用海洋经济指数编制的理论基础在于企业信用风险评价的相关研究。从目前国内外对企业信用风险评价的理论研究进展来看,主要有以下几类:一是以"5C"信用要素理论为代表的古典分析方法,这类评价方法将企业信用区分为若干个信用要素(比如"5C"要素、"4F"要素、"5P"要素、"5W"要素等),然后采用专家主观评判的方式对各个要素进行量化评分,用以判断企业的信用风险大小;二是以信用风险判别模型为代表的多元统计评价方法,较为典型的有 Edward 的"Z-score"模型及在此基础上改进的"Zeta"判别分析模型,这类模型依据历史累计样本数据,采用线性概率模型、LOGIT 法、PROBIT 法和判别分析法等建立企业财务特征变量的相关数学模型,从而预测公司破产或违约的概率;三是多指标综合评价方法,它通过分层分类筛选与企业信用相关的评价指标,建立一套完整的反映企业信用状况的评价指标体系,然后采用一定的集成模式,将各项指标加权综合,从而得到信用评价结果的方法,沃尔比重评分法就属此类,同时,这也是当前国内外主要评级机构广为采用的企业信用风险评价方法;四是随着计算机应用的普及和人工智能技术的不断发展和成熟,以人工神经网络模型为代表的新型评价方法在企业信用风险预测中得以推广和使用,比如 Tam 和 Kiang 运用 BP 神经网络预测破产[①]。

---

① Tam K Y, Kiang M Y. *Managerial application of neural networks: the case of bank failure predictions*, Management Science, 1992, Vol. 38(7), pp. 926—947.

除上述四类直接针对企业本身的信用风险评价方法之外,还有一些以金融市场交易工具为对象的评价方法,比如信用风险的期权定价模型、KMV 的 EDF(Expeted Default Freguqency)模型、债券违约率模型、随机模拟方法等,由于这类方法并不直接针对企业本身,因此,并不在讨论的范围之内。

(二)对信用指数理论研究的评述

尽管上述评价方法各有所长,从编制企业信用指数的特定角度来看,古典分析方法虽然强调要从企业各信用要素角度全面综合考评信用风险,但其评价过程过于依赖评价者的主观经验,忽视了对客观数据中包含的企业信用状况的挖掘和分析,以此为基础编制的信用指数将过于主观。多元统计评价方法虽然强调用较少的几个反映企业信用的关键变量及历史统计数据来预测违约或破产概率,但其一方面由于建模需要,变量不宜过多,往往倚重于企业的少数几个财务指标和数据,同时,还要对数据分布形态等做出事先假定,对数据有较高的要求,容易出现模型设定错误;另一方面,过于依赖样本数据所包含的历史信息,忽视了对企业基本素质和发展前景等其他方面信用状况的主观判断,因此,难以满足指数综合分析的需要。人工智能评价方法尽管无须考虑数据的分布形态,也不用担心模型设定错误,但其从数据输入到最终结果输出的过程就像一个"黑匣子",难以进行评价指标和评价结果之间的关联分析,因此,实际应用受到很大的限制,不宜用于编制企业信用指数。在上述方法中,最适合用于编制企业信用综合指数的评价方法是多指标综合评价方法。其理由是:第一,指标设定方便灵活,可以根据不同产业企业的信用特征灵活设定与调整评价指标,且同时满足定性评价和定量评价的需要;第二,评价更为全面和客观,可以通过分层分类筛选与企业信用相关的各项指标,建立一个全面综合反映企业信用的指标体系,而无须依赖少数几个关键指标进行判断,评价过程中充分尊重企业信用基础数据的作用,同时又能发挥评价者的主观能动性,评价结果更为客观;第三,可以满足各种指数分析的需要,由于指标体系的设定具有鲜明的层级结构,可以分层分类编制各级单项指数、分类指数和总指数,满足各类指数分析的需要;第四,实际应用效果好,可操作性强。目前,国内外编制的信用指数绝大多数采用的是以多指标综合评价方法为基础的综合指数法,其应用效果比较理想。正是基于上述理由,此次编制的用于反映浙江舟山海洋经济信用建设和海洋产业信用状况的舟山 MECI,在编制方法上采用基于多指标综合评价的综合指数方法。

二、当前国内外信用指数的实践现状及比较

（一）国内外信用指数的实践现状

从实践层面来看，目前，信用指数已经在国内外不少领域中得以应用，例如美国的信用经理人指数、世界银行信用信息指数、国内的义乌市场信用综合指数、中国城市商业信用环境指数、中国信用小康指数、中国出口信用保险公司的中国短期出口贸易信用风险指数等，这些指数涉及个人信用、企业信用、产业信用、政府信用、国家信用等。其中，与企业信用直接相关且较具代表性的指数包括美国的信用经理人指数和国内的义乌市场信用综合指数，下面笔者以上述指数为例，对企业信用综合指数编制的原理和特点进行分析比较，以便为编制舟山新区企业信用综合指数提供更好的借鉴。

1. NACM 信用经理人指数

美国国家信用管理协会（National Association of Credit Management，NACM）2002 年创建的信用经理人指数（Credit Managers Index，CMI），是为了让美国企业的首席执行官、财务主管、销售主管及时了解美国经济中信用状况的变化，同时，希望其成为经济学家和媒体考察美国经济的一个常用工具。CMI 用百分比值来表示，如果超过 50%，表明总体信用状况向好，从信用的角度来看总体经济有所增长；得分越低表示负面的评价越显著。CMI 是基于对 1 000 名左右信用经理人的问卷调查结果编制而成的。在问卷调查环节，要求各企业的信用经理根据他们每个月的商业运行情况对 CMI 的 10 个构成指标进行评判，对包括 4 个正向指标（销售量、新增信用申请量、贷款收回额、商业信用扩张额）和 6 个负向指标（被拒信用申请量、待收回的账户量、拒付额、超过偿还期的应收账款额、顾客折扣金额、申请破产企业数）在下面 3 种答案中进行选择：A. 本月该指标比上个月更好；B. 本月该指标比上个月更差；C. 本月该指标和上个月差不多。问卷调查在每个月末最后 10 天进行。在指数计算环节，采用扩散指数（Diffusion Index Methodology）的计算方法。调查的 10 项指标被分为正向指标和负向指标两类，对正向指标，指数值为（回答"A"的样本数＋1/2 回答"C"的样本数）/总调查样本数；对负向指标，指数值为（回答"B"的样本数＋1/2 回答"C"的样本数）/总调查样本数。最终，通过对各指数等权重加权平均来决定总指数。在调查样本选择方面，样本涉及美国主要的州（人口较少的两个州除外），分别在制造业和服务业企业中选取相同的样本。该指数从 2002 年 2 月开始编制，2003 年 1 月开始按月发布。

2. 义乌市场信用综合指数

义乌市场信用指数(Yiwu Market Credit Index,"YMCI"),是由义乌市工商行政管理局和北京大学中国信用研究中心联合研发编制的,是一套反映和量化义乌市场信用变化发展趋势和特征的指数体系。YMCI 是国内首个市场信用指数,该指数自 2007 年 9 月运行以来,较好地反映和预警了义乌市场信用的发展变化,已成为指引义乌市场主体走向诚信经营的"风向标",是监督市场信用状况变化的"晴雨表"。YMCI 的编制和发布,有利于加强市场分类监管指导,有效增强和提升义乌市场信用的水平和竞争力,是义乌市场经济"软实力"的一大象征。YMCI 模型先后经过两轮优化,指数体系由 27 个指标、4 大分类指数(包括商品质量指数、交易活跃指数、客商满意指数和风险可控指数)和 1 个信用综合指数构成,采用五色预警灯和波动预警系统 2 个预警系统。五色预警灯根据 YMCI 综合指数值由高到低分为五级,用红、橙、黄、蓝和绿五色分别表示危险级(YMCI 指数<80)、警戒级(80≤YMCI 指数<90)、关注级(90≤YMCI 指数<100)、正常级(100≤YMCI 指数<110)和安全级(YMCI 指数≥110)。YMCI 波动预警子系统(NBW 预警系统)具有提示性预警能力,通过环比指标对比分析,反映本期 YMCI 综合指数及分类指数较上期变化的相关信息,NBW＝本期指数/上期指数×100%－1。当－5%≤NBW<5% 为正常状况,NBW≥5% 为变好状态,NBW<－5% 为变坏状态。YMCI 各类指标数据的采集是以该市各信用监管部门的汇总数据、各产业协会的汇总数据、抽样问卷调查数据 3 个方面信息为基础,以 2007 年 9 月份为基期,采用拉氏公式运算而得出。该指数计算发布周期为月。

(二)国内外两种代表性信用指数编制方法的比较

统计指数的编制涉及指数考察的对象和范围、指数指标体系、指数权重的确定方法、指数的计算公式、指数样本规格品的抽取和数据采集、指数功能等基本要素。下面笔者从以下几个方面对国内外较为典型的两种信用指数进行比较:第一,在指数考察的对象范围上,CMI 和 YMCI 均为商业企业信用指数,其中 CMI 主要是针对全美国制造业和服务业,是一个全国性的产业信用指数,YMCI 则是一个考察义乌当地市场信用的区域性指数。第二,在指标体系上,CMI 和 YMCI 差别很大,CMI 指标体系由针对制造业和服务业的关键指标构成(4 个正向指标和 6 个负向指标),指标体系较为简单;而 YMCI 则由 27 个指标构成,其中既有反映义乌宏观信用经济的总量指标,也有考察企业微观主体信用状况的业务指标,指标体系较为庞大复杂。第三,在指数计算方法和权重确定上,两者均采用基于多指标综合评价的综合指数方法编制,CMI 采用扩散指数计算公式,通过各指数的等权重加权平均计算得到总指数;YMCI 则采用拉氏计算公式,优化调整后的指数采用德尔菲专家确权方法,通过将各分类指数进行加权计算得到。第四,在指数样本规格和调查方法上,两者均采用抽样调查方法,CMI 采用问卷调查方法,调查对象为美国制造业和服务业的企业信用经理人;YMCI 采用部门数据和问卷调查数据相结合的方式,部门数据由义乌市工商行政管理局、义乌市公安局、义乌市小商品指数中心等提供,同时,问卷调查数据则是对国际商贸城的经营户抽样调查得到。第五,在指数经济分析功能上,CMI 较为简单,其主要通过 CMI 值的高低和变动程度来分析美国制造业和服务业的信用状况,并以此判断全美国经济中的信用变动状况;YMCI 则不仅可以运用总指数反映义乌市场信用经济变动状况和变动程度,同时还具有信用预警功能。

(三)对信用指数实践现状的评述

通过对上述国内外两种最有代表性的企业信用指数的比较分析来看,可以得到以下几点结论:第一,企业信用指数编制既可以单独围绕产业企业微观主体信用进行(例如 CMI),也可以将微观信用和反映经济总体的宏观信用结合进行(例如 YMCI),但不管采用哪一种,都不应脱离企业微观信用,这是企业信用的直接来源和基础;第二,企业信用指标体系建立因指数编制目的和考察对象而异,指标设计具有多样性,但不应脱离企业信用的相关理论,采用关键指标方法建立的指标体系其指数针对性较强(例如 CMI),而采用全面考核方法建立的指标体系其指数综合分析能力较强,功能全面(例如 YMCI);第三,指数编制的样本规格抽取与数据取得除考虑样本的代表性等问题之外,还应充分考虑指标数据的连续性、数据的可得性、采集和编制成本等问题,因为指数的编制往往具有长期性,频繁地调整指标和调查对象势必影响指数的效果;第四,基于多指标综合评价方法的综合指数法在实践中效果较为理想(CMI 和 YMCI 均采用此种编制方法),其权重确定的方法和指数计算的公式灵活多样,可以满足不同功能指数编制和分析的需要。

三、MECI 的指数理论模型

(一)MECI 信用理论分析

在对国内外信用理论研究与信用指数实践梳理的基础上,结合 MECI 的内涵与特征,笔者认为,海洋产业的信用主要体现在以下 6 个维度:

第一个维度是海洋产业自身的信用素质。信用素质是海洋产业信用能力的素质保障,是海洋产业信用的重要基础之一。其主要体现在人员素质(如企业管理人员的素质、员工的素质）和管理素质（如企业制度规范、公司治理结构）上。人员素质是一种内在的信用约束，而管理素质则是外在的信用约束，两者共同决定了企业的信用素质。

第二个维度是海洋产业自身的经济实力。区域海洋产业自身的经济实力是信用的经济保障和另一重要基础。经济实力越雄厚，意味着其维护自身信用的能力也越强，信用的基础也越牢固。

第三个维度是海洋产业的发展潜力。海洋产业的发展潜力是产业信用能力的潜力保障，它和产业信用素质、经济实力一样在产业信用中起基础性作用。一个具有发展潜力的产业，意味着其具备较高的成长能力、较强的技术创新能力和市场竞争力，而这又意味着产业在不久的将来具备改善营运能力、盈利能力和偿债能力的条件，其信用能力也将得以提升。

第四个维度是海洋产业的偿债能力。海洋产业的偿债能力是偿还到期债务的承受能力和保证程度，如果无法如期偿还债务，将直接造成违约，形成产业信用风险，可见偿债能力是海洋产业信用的直接制约因素。

第五个维度是海洋产业的经营能力。经营能力反映的是整个产业的盈利能力和营运能力，前者体现整个产业获取利润的能力，后者体现产业的效率与效益。海洋产业经营能力越强，意味着其较强的运营效率和效益和较高的获利能力，从而为产业的偿债能力提供了保障，因此是信用的更深层次的内部制约因素。

第六个维度是海洋产业的外部信用环境。海洋产业的信用能力尽管更多地来自自身内部因素，但是产业所处的外部信用环境也是一个重要的影响因素。任何一个产业都不可能脱离外部宏观和区域中观经济金融环境、政策法制环境的影响。一个良好的外部信用环境为整个产业的信用提供了必要的外部信用支持。

（二）模型架构

在上述理论分析基础上，构造的 MECI 理论模型如图 2-1 所示。

MECI 的理论模型由 6 个维度构成，其分别为海洋产业的信用素质、经济实力、发展潜力、经营能力、偿债能力和外部信用环境。其中，信用素质、经济实力和发展潜力是区域海洋产业信用的 3 大基础；偿债能力和经营能力是海洋产业信用的内部制约因素；而外部信用环境是海洋产业信用的外部制约因素。6 个维度组建起 MECI 的信用三角模型，共同托起了产业的信用能力，成为下文构建 MECCIS 和 MECWIS 的最终理论依据。

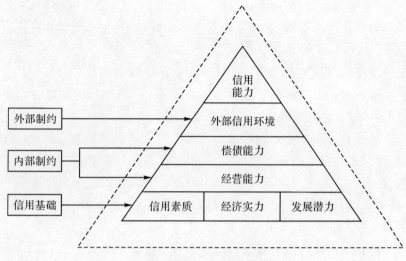

图 2-1　MECI 理论模型

第三章
MECCI 的评价指标体系

一、MECCI 的综合评价指标体系构建的基本原则

1.科学性原则

MECCI综合评价指标体系的构建必须要有科学的依据。要以信用理论为依托,紧紧围绕海洋经济这一主题,充分考虑各个海洋产业的特征,从多个维度、多个层次遴选出评价的指标;指标的测算口径、测算方法、参照标准的设定和等级的划分要科学,不应脱离评价的本质,要使得评价的结果客观公正地反映出评价对象的信用状况。

2.全面性原则

MECCI综合评价指标体系必须能够全方位地覆盖海洋经济信用状况的方方面面。既要有反映支持海洋经济信用建设的经济环境和金融信贷环境指标,也要有从各个维度综合反映各海洋产业信用素质、经济实力、偿债能力、经营能力和发展潜力的信用要素指标,从而实现多层次、多维度的全方位评价。

3.可操作性原则

编制MECCI不只是单纯地用于理论研究,更重要的是在实践层面上运用MECCI去客观反映一地海洋产业的信用状况,从而更好地指导信用海洋经济建设。因此,评价指标的数据必须是可连续采得的,指标是可以测算的,方法是可靠的,评价结果是可以应用的,总而言之,必须是可以实际加以操作的。

4.简约性原则

信用海洋经济体现在方方面面,评价指标众多,但这并非意味着指标体系越庞大越好,指标越多越好,相反,应该遵循简约的原则。这是因为指标过多不仅容易

造成指标之间的关联性和重复性，产生属性上的冗余，同时也增加了数据采集和运算的成本，增加了操作的难度。因此，要在充分了解海洋产业信用特征的基础上，选择最具代表性的关键指标。

5.公正性原则

MECCI的编制过程中，企业微观信用的评价是其核心。信用评价指标体系的建立，要符合客观事实，能正确评价反映评价对象信用等级的真实面貌，指标体系和计算方法不能偏向评级对象或评级主体的任何一方，评级机构和评级人员必须态度公正，评价客观，以事实为依据，决不能根据个人爱好，任意改变指标项目、计算方法和评价标准。

6.定性与定量评价相结合原则

海洋产业企业的信用不仅大量体现在可以量化的财务指标上，如资产负债率、流动比率、速动比率等等，同时，还体现在一些难以量化的非财务性定性指标上，如管理能力和管理水平折射出企业的信用素质，行业政策和行业地位反映了企业的发展潜力，这些信用要素在质的方面反映企业的信用状况。因此，单纯地进行量或者质的评价都是不够的，只有质和量相互结合，相辅相成，才能做到真正的全面、客观公正。

二、MECCI 的评价指标体系

MECCI 是以海洋产业为主体，涉海企业信用评价为核心而编制的信用综合指数。根据 MECCI 的理论模型，其指标体系主要由 2 大层面 6 个维度构成：核心层为海洋产业信用，其由众多涉海企业信用综合而成，主要由信用素质、经济实力、偿债能力、经营能力和发展潜力 5 个维度构成；外围层为海洋产业外部信用环境，其为海洋产业提供信用支撑。

（一）MECCI 的评价指标

海洋产业信用是由众多的涉海企业信用综合而成，因此，海洋产业信用评价的核心是涉海企业信用评价。在借鉴了国内外大量有关企业信用评级的理论文献，以及商业银行和评级机构信用评级实践经验，并在遵循信用指标构建科学性、全面性、可操作性、简约性、公正性、定性与定量评价相结合基本原则的基础上，从信用素质、经济实力、发展潜力、偿债能力、经营能力和外部信用环境 6 个维度遴选出评价指标。

1.信用素质评价

信用素质是企业信用能力的素质保障,是企业信用的重要基础之一。其主要体现在人员素质和管理素质上。在信用素质评价指标设定上,一是考虑直接从衡量人员素质和管理素质的评价入手,二是考虑从记录上述两方面信用素质的历史痕迹入手。据此可分为人员素质与信用记录、管理素质与信用记录两个方面,前者包括对管理层素质、管理层信用记录和员工素质的评价;后者包括对企业制度规范、成立年限、社会声誉、社会责任、资质等级和信用记录的评价。如图 3-1 所示:

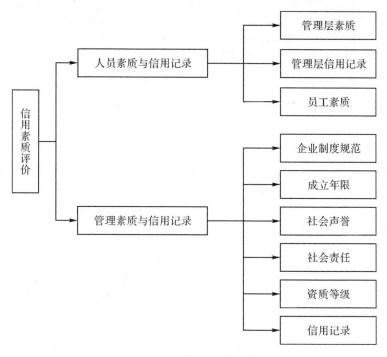

图 3-1　信用素质评价指标体系

2.经济实力评价

企业自身的经济实力是信用的经济保障和另一重要基础。经济实力越雄厚,意味着信用能力也越强。衡量企业经济实力的指标主要包括其资金实力和企业的社会影响力,资金实力可以用企业的资产规模、资产净值、资本固定化比率和担保能力等指标来衡量,社会影响力则可以用品牌价值、行业地位等指标来衡量,具体评价指标体系如图 3-2 所示:

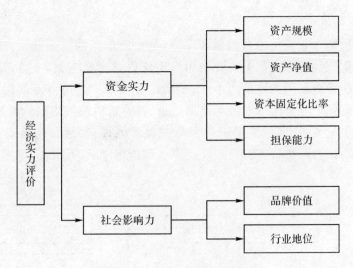

图 3-2 经济实力评价指标体系

3.发展潜力评价

企业的发展潜力是企业信用能力的潜力保障,它和企业的信用素质、经济实力一样在企业信用中起基础性作用。一家具有发展潜力的企业,意味着其具备较高的成长能力,较强的技术创新能力和市场竞争力,而这又意味着企业具备改善营运能力、盈利能力和偿债能力的条件,其信用能力也将得以提升。企业的发展潜力评价指标体系主要包括 2 类:第一类衡量的是企业的成长能力,主要指标有 3 年资本平均积累率、3 年营业收入平均增长率、3 年利润总额平均增长率;第二类衡量的是企业的成长环境,主要包括技术创新能力、市场竞争能力。如图 3-3 所示:

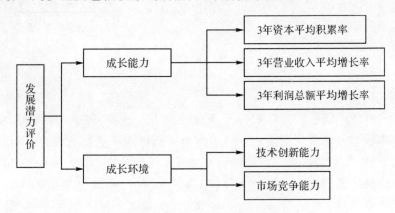

图 3-3 发展潜力评价指标体系

4.偿债能力评价

偿债能力是企业偿还到期债务的承受能力和保证程度,企业如果无法如期偿还债务,将直接造成违约,从而影响企业信用,可见偿债能力是企业信用的直接制约因素。企业的偿债能力评价指标包括偿还短期债务和长期债务的能力。短期偿债能力是指一年内或超过一年的一个营业周期内用流动资产和营业利润偿还到期流动负债的能力,衡量短期偿债能力的指标主要有流动比率、速动比率、现金流动负债率等。长期偿债能力是衡量企业偿还长期借款、应付长期债券、长期应付款等长期负债的能力,衡量指标包括资产负债率、净资产负债率、利息保障倍数、现金债务覆盖率、或有负债率、欠息率和贷款逾期率。如图 3-4 所示:

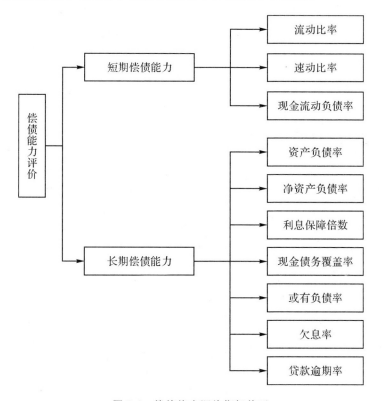

图 3-4　偿债能力评价指标体系

5.经营能力评价

经营能力包括企业的盈利能力和营运能力。盈利能力是指企业获取利润的能力。企业有较强的盈利能力,意味着其有充裕的资金偿还债务,因此是企业信用能力的间接制约因素。李萍和肖惠民(2003)认为,分析企业的盈利能力从最基本的两个方面入手:其一是从利润和营业收入、成本费用的比例关系角度分析;其二是从利润和资产的比例关系的角度分析。按照这一分类模式,第一类评价指标主要有营业收入利润率、成本费用净利润率、盈余现金保障倍数和营业收入现金率,第二类评价指标主要有总资产报酬率、净资产收益率。

营运能力是指企业营运资产的效率与效益。营运能力越强,企业资产利用的效率与效益就越高,盈利能力就越强,从而保证了企业具备足够的偿付能力,因此是企业信用能力更深层次的制约因素。营运能力的评价主要是通过分析流动资产、固定资产和总资产的周转率指标来实现的,具体有总资产周转率、应收账款周转率、流动资产周转率、存货周转率、固定资产周转率。如图 3-5 所示:

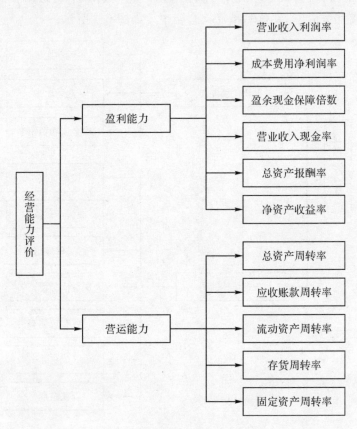

图 3-5 经营能力评价指标体系

6.外部信用环境评价

涉海企业信用能力除了受内部自身因素的制约之外,同时还会受到外部信用环境因素的影响。良好的外部信用环境为企业提升自身信用能力创造了条件。评价外部信用环境可以从以下 3 个方面入手:第一个是信用政策法制环境;第二个是经济景气状况;第三个是金融信贷环境。考虑到 MECCI 是以海洋产业为主体的信用,因此,外部环境主要涉及海洋政策法制环境、海洋经济环境和金融信贷环境评价。其中,海洋政策法制环境评价的具体指标包括国家政策对海洋相关产业的扶持力度、国家对信用建设的重视程度、地方对信用违法和企业失信行为的处罚力度;海洋经济环境评价的具体指标包括区域海洋经济景气程度和企业家信心程度;金融信贷环境评价具体指标包括金融信贷获取难易度和金融信贷成本。如图 3-6 所示:

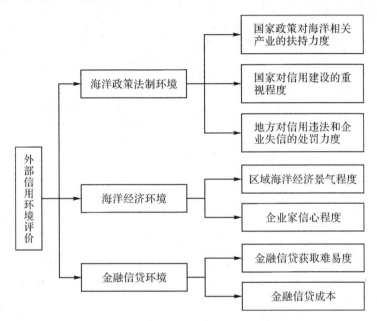

图 3-6　外部信用环境评价指标体系

(二)MECCI 的评价指标体系及代码说明

因此,综上可得其信用评价指标体系如表 3-1 所示。

表 3-1　MECCI 的评价指标体系及指标代码

指标项代码				指标项名称	指标功能说明
总	一级	二级	三级		
M				信用海洋经济	
	M1			(1)信用素质	
		M11		第一,人员素质与信用记录	
			M111	①管理层素质	
			M112	②管理层信用记录	通过对涉海企业的人员素质和管理素质,包括对上述两个方面的信用记录进行评价,是涉海企业信用基础之一
			M113	③员工素质	
		M12		第二,管理素质与信用记录	
			M121	①企业制度规范	
			M122	②成立年限	
			M123	③社会声誉	
			M124	④社会责任	
			M125	⑤资质等级	
			M126	⑥信用记录	
	M2			(2)经济实力	
		M21		第一,资金实力	
			M211	①资产规模	
			M212	②资产净值	通过对涉海企业的资金实力和社会影响力进行评价,是涉海企业的信用基础之一
			M213	③资本固定化比率	
			M214	④担保能力	
		M22		第二,社会影响力	
			M221	①品牌价值	
			M222	②行业地位	
	M3			(3)发展潜力	
		M31		第一,成长能力	
			M311	①3 年资本平均积累率	
			M312	②3 年营业收入平均增长率	通过对涉海企业的成长能力和成长环境进行评价,是涉海企业的信用基础之一
			M313	③3 年利润总额平均增长率	
		M32		第二,成长环境	
			M321	①技术创新能力	
			M322	②市场竞争力	

指标项代码				指标项名称	指标功能说明
总	一级	二级	三级		
	M4	M41		(4)偿债能力 第一,短期偿债能力	通过对涉海企业的短期和长期偿债能力进行评价,是涉海企业信用的直接制约因素
			M411	①流动比率	
			M412	②速动比率	
		M42	M413	③现金流动负债率 第二,长期偿债能力	
			M421	①资产负债率	
			M422	②利息保障倍数	
			M423	③净资产负债率	
			M424	④欠息率	
			M425	⑤或有负债率	
			M426	⑥贷款逾期率	
			M427	⑦现金债务覆盖率	
	M5	M51		(5)经营能力 第一,盈利能力	通过对涉海企业的盈利能力和营运能力的评价来实现,是涉海企业信用的间接制约因素
			M511	①营业收入利润率	
			M512	②盈余现金保障倍数	
			M513	③营业收入现金率	
			M514	④成本费用净利润率	
			M515	⑤净资产收益率	
			M516	⑥总资产报酬率	
		M52		第二,营运能力	
			M521	①总资产周转率	
			M522	②应收账款周转率	
			M523	③流动资产周转率	
			M524	④存货周转率	
			M525	⑤固定资产周转率	
	M6	M61		(6)信用环境 第一,海洋政策法制环境	通过对海洋政策法制环境、海洋经济环境和金融信贷环境的评价来实现,是海洋产业信用的外部条件
			M611	①国家政策对海洋相关产业的扶持力度	
			M612	②国家对信用建设的重视程度	
			M613	③地方对信用违法和企业失信的处罚力度	
		M62		第二,海洋经济环境	
			M621	①区域海洋经济景气程度	
			M622	②企业家信心程度	
		M63		第三,金融信贷环境	
			M631	①金融信贷获取难易度	
			M632	②金融信贷成本	

三、MECCI 评价指标的内涵与测算方法

(一)信用素质评价指标的内涵和测算方法

1. 人员素质与信用记录

(1)管理层素质。

指标内涵与功能解释:正向指标,管理层的个人素质修养与其信用素质有着密切的关系,个人素质越高,其信用素质也就越高。

指标测算方法:定性测算,用管理层的本行业平均从业年限来衡量,如果从业年限高于全行业的平均值,则记为 100 分,持平则记为 60 分,低于全行业平均值则记为 0 分。

(2)管理层信用记录。

指标内涵与功能解释:正向指标,企业的历史信用记录越好,其信用素质就越高。

指标测算方法:定性测算,采用管理层个人信用历史记录来衡量,近 3 年内没有发生任何信用违约则记为 100 分,有信用违约记录记为 0 分。

(3)员工素质。

指标内涵与功能解释:正向指标,员工素质越高,企业的信用素质就越高,信用能力就越强。

指标测算方法:定量测算,用大专以上学历或中级以上职称员工的占比来衡量。

2. 管理素质与信用记录

(1)企业制度规范。

指标内涵与功能解释:正向指标,一家企业其管理制度健全且贯彻落实到位,其内在就会具有比较强的信用约束,就会表现出较好的信用能力。

指标测算方法:定性测算,用企业的各项管理制度是否健全及制度的贯彻落实情况来衡量,分为 3 个等级,制度健全且贯彻落实情况良好记为 100 分,制度不健全记为 0 分,介于上述两者之间的记为 60 分。

(2)成立年限。

指标内涵与功能解释:正向指标,成立年限反映了一家企业的历史背景和存续情况,年限越久,代表其信用素质越好,信用能力越强。

指标测算方法:定性测算,用企业成立年限来评价,企业成立年限高于同行业平均值,记为 100 分,持平记为 60 分,低于同行业则记为 0 分。

(3)社会声誉。

指标内涵与功能解释:正向指标,企业获得的来自各界的荣誉级别越高,表明其信用素质越好。

指标测算方法:定性测算,用企业获得的来自政府部门或社会各界的荣誉来评价,根据近一年内获得荣誉的级别分为 3 个等级,重大荣誉记为 100 分,一般荣誉记为 60 分,没有记为 0 分。

(4)社会责任。

指标内涵与功能解释:正向指标,企业对社会的贡献越多,其体现的社会责任就越大,其企业的信用素质就越好。

指标测算方法:定性测算,用企业面向社会提供公益服务或捐助的情况来衡量。企业在过去一年内曾有过上述行为且贡献巨大的,则该项指标记为 100 分,没有的记为 0 分,介于两者之间的记为 60 分。

(5)资质等级。

指标内涵与功能解释:正向指标,企业获得的外部的资质等级越高,表明企业信用越好。

指标测算方法:定性测算,用企业曾经获得不同管理机构的资质认证情况来衡量,根据获得资质认证的权威性划分为 3 个等级,权威认证且资质等级较高记为100 分,无资质等级记为 0 分,介于上述两者之间的记为 60 分。

(6)信用记录。

指标内涵与功能解释:正向指标,企业遵纪守法是其良好信用的表现。

指标测算方法:定性测算,主要从企业是否遵纪守法的角度来评价,如果企业近 3 年内有过违法乱纪的不良行为记录,其该项指标的信用得分记为 0 分,如果没有则记为 100 分。

(二)经济实力评价指标的内涵和测算方法

1.资金实力

(1)资产规模。

指标内涵与功能解释:正向指标,企业拥有或控制的资产越多,表明其经济实力越雄厚,信用能力也就越强。

指标测算方法:定量测算,资产规模用资产总额来衡量,资产总额包括企业拥有或控制的全部资产,即流动资产、长期投资、固定资产、无形及递延资产、其他长期资产等。

(2)资产净值。

指标内涵与功能解释:正向指标,资产净值为资产总额减去负债总额。资产净值越高,意味着企业经济实力越雄厚,信用能力越强。

指标测算方法:定量测算,资产净值=资产总额-负债总额。

(3)资本固定化比率。

指标内涵与功能解释:逆向指标,资本固定化比率即被固化的资产占所有者权益的比重。该指标值越低,表明公司用于长期资产的自有资本的数额相对较少;反之,则表明公司用于长期资产的自有资本的数额相对较多,公司日常经营所需资金需靠借款筹集。一般情况下,资本固定化比率指标越小,意味着企业信用能力越强。

指标测算方法:定量测算,资本固定化比率=(资产总额-流动负债)/所有者权益平均余额×100%,其中所有者权益平均余额=(所有者权益年初数+所有者权益年末数)/2。

(4)担保能力。

指标内涵与功能解释:正向指标,企业的担保能力是其经济实力的重要象征,担保能力越强,其信用能力越强。

指标测算方法:定量测算,担保能力=资产总额-负债总额-已抵、质押资产-已提供担保的资产。

2.社会影响力

(1)品牌价值。

指标内涵与功能解释:正向指标,企业的知名度或产品品牌价值越高,其经济实力越强。

指标测算方法:定性测算,用企业在行业中的知名度或产品品牌价值来衡量。企业在行业中有很高知名度或者品牌价值,则记为100分;有较高的知名度或品牌价值的记为60分;一般则记为0分。

(2)行业地位。

指标内涵与功能解释:正向指标,企业在行业中的影响力越大,其对自身的信用就越看重,其信用素质就越好,信用能力就越强。

指标测算方法:定性测算,主要用企业在本行业中的影响力来衡量。在行业中有绝对影响力的企业记为100分;有较大影响力的记为60分;影响力一般的记为0分。

（三）发展潜力评价指标的内涵和测算方法

1. 成长能力

（1）3 年资本平均积累率。

指标内涵与功能解释：正向指标，资本积累率反映了企业所有者权益的变动水平，体现了企业资本的积累情况，是企业发展强盛的标志，也是企业扩大再生产的源泉，展示了企业的发展潜力。

指标测算方法：定量测算，3 年资本平均积累率＝（本年所有者权益增长额×0.5＋上年所有者权益增长额×0.3＋前年所有者权益增长额×0.2)/3 年前期末所有者权益×100％。

（2）3 年营业收入平均增长率。

指标内涵与功能解释：正向指标，营业收入增长率反映了企业营业收入的增减变动情况，该指标值越高，表明企业营业收入的增长速度越快，发展潜力越大。

指标测算方法：定量测算，3 年营业收入平均增长率＝（本年营业收入增长额×0.5＋上年营业收入增长额×0.3＋前年营业收入增长额×0.2)/3 年前期末营业收入×100％×规模系数。

（3）3 年利润总额平均增长率。

指标内涵与功能解释：正向指标，利润增长率反映企业利润的增减变动情况。利润增长率指标值越高，企业盈利能力越强，发展潜力越大。

指标测算方法：定量测算，3 年利润总额平均增长率＝（本年利润总额增长额×0.5＋上年利润总额增长额×0.3＋前年利润总额增长额×0.2)/3 年前期末利润总额×100％×规模系数。

2. 成长环境

（1）技术创新能力。

指标内涵与功能解释：正向指标，企业的技术创新能力越强，其发展潜力就越大。

指标测算方法：定性测算，用企业每年的技术创新投入来衡量，如年技术创新投入高于行业平均值则记为 100 分，持平记为 60 分，低于行业平均值则记为 0 分。

（2）市场竞争力。

指标内涵与功能解释：正向指标，市场竞争力越大，企业的发展潜力也就越大。

指标测算方法：定性测算，用市场占有率的高低来衡量，企业的市场占有率很高，则记为 100 分，较高则记为 60 分，一般则记为 0 分。

(四)偿债能力评价指标的内涵和测算方法

1. 短期偿债能力

(1)流动比率。

指标内涵与功能解释:正向指标,流动比率的高低反映企业承受流动资产贬值能力和偿还中短期债务能力的强弱。一般认为,流动比率越高,表明其短期偿债能力越强,对债权人的保障程度就越高。

指标测算方法:定量测算,流动比率=流动资产/流动负债×100%。

(2)速动比率。

指标内涵与功能解释:正向指标,速动比率又称为酸性测试比率,它是假定企业一旦面临财务危机或办理清算时,在存货及待摊费用全无价值的情况下,企业以速动资产支付流动负债的短期偿债能力,可见,速动比率越高,企业偿债能力越强。

指标测算方法:定量测算,速动比率=(流动资产-存货)/流动负债×100%。

(3)现金流动负债率。

指标内涵与功能解释:正向指标,现金流动负债率是企业在一定时期内的经营现金净流量同流动负债的比率,可以从现金流动的角度来反映企业当期偿付短期负债的能力。现金流动负债比率越大,表明企业经营活动产生的现金净流量越多,越能保障企业按期偿还到期债务。

指标测算方法:定量测算,现金流动负债率=经营活动产生的现金流量净额/流动负债平均余额×100%。

2. 长期偿债能力

(1)资产负债率。

指标内涵与功能解释:逆向指标,资产负债率是企业负债总额与资产总额的比率,也称为负债比率或举债经营比率,它反映企业的资产总额中有多少是通过举债而得到的。这个比率越高,企业偿还债务的能力越差;反之,偿还债务的能力越强。

指标测算方法:定量测算,资产负债率=负债总额/资产总额×100%。

(2)利息保障倍数。

指标内涵与功能解释:正向指标,利息保障倍数又称已获利息倍数,是指企业息税前利润与利息费用的比率,该指标反映企业以获取的利润承担借款利息的能力。利息保障倍数从企业的效益方面来考察其长期偿债能力。企业生产经营所获得的息税前利润与利息费用相比,倍数越大,说明企业支付利息费用的能力越强。

指标测算方法:定量测算,利息保障倍数=(利润总额+利息支出)/利息支出。

(3)净资产负债率。

指标内涵与功能解释:逆向指标,净资产负债率,是指企业负债与企业净资产的比重。这是用以反映总资产结构的指标,净资产负债过高,说明企业负债过高。也是衡量企业长期偿债能力的一个重要指标,它反映了企业清算时,企业所有者权益对债权人利益的保证程度。

指标测算方法:定量测算,净资产负债率＝负债总额/净资产总额×100％。

(4)欠息率。

指标内涵与功能解释:逆向指标,企业的欠息率越高,表明企业的债务压力较大,偿债能力较差,违约概率较高。

指标测算方法:定量测算,欠息率＝[1－(实付贷款利息/应付贷款利息)]×100％。

(5)或有负债率。

指标内涵与功能解释:逆向指标,或有负债率是指企业或有负债总额与股东权益总额的比率,反映企业股东权益应对可能发生的或有负债的保障程度。一般情况下,或有负债比率越低,表明企业的长期偿债能力越强,股东权益应对或有负债的保障程度越高;或有负债比率越高,表明企业承担的相关风险越大。

指标测算方法:定量测算,或有负债率＝或有负债/所有者权益×100％。

(6)贷款逾期率。

指标内涵与功能解释:逆向指标,一般情况下,贷款逾期率越低,贷款回收本金的情况越好,资金的使用效率越高,资产的风险程度就越低,反之亦然。

指标测算方法:定量测算,贷款逾期率＝年末逾期贷款余额/年末贷款余额×100％。

(7)现金债务覆盖率。

指标内涵与功能解释:正向指标,现金债务覆盖率是指以年度经营活动所产生的现金净流量与全部债务总额相比较而得出,表明企业现金流量对其全部债务偿还的满足程度。一般来说,这个比率越高,企业承担债务的能力越强。

指标测算方法:定量测算,现金债务覆盖率＝经营活动现金净流量/平均负债总额×100％。

(五)经营能力评价指标的内涵和测算方法

1.盈利能力

(1)营业收入利润率。

指标内涵与功能解释:正向指标,营业收入利润率表示企业的营业利润占营业收入的百分比。营业收入利润率反映了企业主营业务的基本状况,是对主营业务所获取利润多少的判断。营业收入利润率越高,企业的盈利能力越强。

指标测算方法:定量测算,营业收入利润率＝利润总额/营业收入×100%。

(2)盈余现金保障倍数。

指标内涵与功能解释:正向指标,盈余现金保障倍数是指企业一定时期经营现金净流量同净利润的比值,反映了企业当期净利润中现金收益的保障程度。一般而言,该指标越大,表明企业经营活动产生的净利润对现金的贡献越大,盈利能力就越强。

指标测算方法:定量测算,盈余现金保障倍数＝经营现金净流量/净利润。

(3)营业收入现金率。

指标内涵与功能解释:正向指标,营业收入现金率指标反映主营业务收入中获得现金的能力,该指标排除了不能回收的坏账损失的影响,指标通常越高越好。

指标测算方法:定量测算,营业收入现金率＝营业现金流入/营业收入×100%。

(4)成本费用净利润率。

指标内涵与功能解释:正向指标,成本费用净利润率是企业一定期间的利润总额与成本、费用总额的比率。成本费用净利润率指标表明每付出一元成本费用可获得多少利润,体现了经营耗费所带来的经营成果。该项指标越高,利润就越大,反映了企业的盈利能力就越强。

指标测算方法:定量测算,成本费用净利润率＝利润总额/成本费用总额×100%。

(5)净资产收益率。

指标内涵与功能解释:正向指标,净资产收益率是净利润与平均净资产的比率,也叫净值报酬率或权益报酬率。净资产收益率用于衡量企业所有者权益的投资报酬率,该指标值越高,说明投资带来的收益越高,盈利能力越强。

指标测算方法:定量测算,净资产收益率＝税后利润/净资产平均余额×100%。

(6)总资产报酬率。

指标内涵与功能解释:正向指标,总资产报酬率是指利润总额与平均总资产的比率,用来衡量企业利用资产获取报酬的能力。总资产报酬率表示企业全部资产获取收益的水平。该指标越高,表明企业盈利能力越强。

指标测算方法:定量测算,总资产报酬率＝利润总额/总资产平均余额×100%。

2.营运能力

(1)总资产周转率。

指标内涵与功能解释:正向指标,总资产周转率是综合评价企业全部资产的经营质量和利用效率的重要指标。周转率越大,说明总资产周转越快,反映了营运能力越强。

指标测算方法:定量测算,总资产周转率＝营业收入/总资产平均余额×100%。

(2)应收账款周转率。

指标内涵与功能解释:正向指标,一般来说,应收账款周转率越高,表明公司收账速度越快,平均收账期越短,坏账损失越少,资产流动越快,营运能力越强。

指标测算方法:定量测算,应收账款周转率＝营业收入/应收账款平均余额×100%。

(3)流动资产周转率。

指标内涵与功能解释:正向指标,流动资产周转率指企业一定时期内主营业务收入净额同平均流动资产总额的比率,流动资产周转率是评价企业资产利用率的一个重要指标。该指标值越高,企业的资产利用率越高,表明其营运能力越强。

指标测算方法:定量测算,流动资产周转率＝主营业务收入净额/平均流动资产总额×100%。

(4)存货周转率。

指标内涵与功能解释:正向指标,存货周转率是企业一定时期营业成本与平均存货余额的比率。用于反映存货的周转速度,即存货的流动性及存货资金占用量是否合理,促使企业在保证生产经营连续性的同时,提高资金的使用效率,增强企业的短期偿债能力。存货周转率是企业营运能力分析的重要指标之一,该指标值越高,表明企业营运能力越强。

指标测算方法:定量测算,存货周转率＝营业成本/存货平均余额×100%。

(5)固定资产周转率。

指标内涵与功能解释:正向指标,固定资产周转率,是指一定时期(一般为一年)的主营业务收入与固定资产平均净值的比。固定资产周转率是反映固定资产利用效率的指标,周转率越高,表明固定资产利用效率越高,企业营运能力越强。

指标测算方法:定量测算,固定资产周转率＝主营业务收入/平均固定资产净值×100%。

(六)外部信用环境评价指标的内涵与测算方法

1.海洋政策法制环境

(1)国家政策对海洋相关产业的扶持力度。

指标内涵与功能解释:正向指标,国家对行业的政策扶持态度关系到所属行业内每家企业的发展前景和命运,扶持力度越大,可以更好地为企业创造一个良好的发展环境,从而最终影响到企业的信用能力。

指标测算方法:定性测算,用国家对本企业所在行业的政策扶持力度来衡量,分为大力扶持(100分)、一般扶持(75分)、维持(50分)、一般限制(25分)和严格限制(0分)5档。

(2)国家对信用建设的重视程度。

指标内涵与功能解释:正向指标,国家对行业信用建设越重视,企业的外部信用环境越好,从而影响到企业对自身信用建设的重视,迫使企业不断提升自身信用水平。

指标测算方法:定性测算,用国家对本企业所在行业的信用建设重视程度的主观感受来衡量,分为非常重视(100分)、比较重视(75分)、一般重视(50分)、不太重视(25分)和不重视(0分)5档。

(3)地方对信用违法和企业失信的处罚力度。

指标内涵与功能解释:正向指标,地方对信用违法的处罚力度直接关系到企业信用违法的成本,处罚力度越大,违法成本越高,企业就越不可能主动跨越这一红线,从而迫使企业不断提升自身信用水平。

指标测算方法:定性测算,用当前国家对行业信用违法企业执法力度的主观感受来衡量,分为非常大(100分)、比较大(75分)、一般(50分)、不太大(25分)和不大(0分)5档。

2. 海洋经济环境

(1)区域海洋经济景气程度。

指标内涵与功能解释:正向指标,整个行业发展形势越好,企业家对发展前景越充满信心,意味着企业发展越具备良好的外部经济环境和信用环境。

指标测算方法:定性测算,用企业家对自身所属行业的经济景气的程度判断来衡量,分为非常景气(100分)、比较景气(75分)、一般景气(50分)、不太景气(25分)和不景气(0分)5档。

(2)企业家信心程度。

指标内涵与功能解释:正向指标,企业家对自身企业的发展前景和信心折射出企业的信用状况,对自身前景表示忧虑且失去信心,意味着企业的信用能力将会减弱或丧失。

指标测算方法:定性测算,用企业家对自身企业的发展前景和信心的主观判断来衡量,分为很有信心(100分)、比较有信心(75分)、一般(50分)、不是很有信心(25分),没有信心(0分)5档。

3. 金融信贷环境

(1)金融信贷获取难易度。

指标内涵与功能解释:正向指标,外部的金融信贷环境越宽松,企业获取信贷资金越容易,企业就越不容易出现信用违约,信用能力也越强。

指标测算方法:定性测算,用企业家对当前获取外部信贷支持的难易程度的主观感受来评价,分为非常容易(100 分)、比较容易(75 分)、一般(50 分)、不太容易(25 分)和很不容易(0 分)5 档。

(2)金融信贷成本。

指标内涵与功能解释:逆向指标,企业获取信贷的成本越高,表明企业的外部融资能力越弱,就越容易发生信用违约,信用能力也就越差。

指标测算方法:定性测算,用企业家对自身获取外部融资的成本压力的主观感受来判断,分为压力很大(0 分)、比较大(25 分)、一般(50 分)、不太大(75 分)和不大(100 分)5 档。

第四章
MECCI 的综合评价方法

一、MECCI 指标无量纲化方法和标准值的设定

(一)定量指标的无量纲化方法和标准值的设定

定量指标主要从量的方面对涉海企业的信用风险进行综合考察,定量分析是企业信用评级的基础,区域信用环境和各产业信用能力等大量的评价指标都以数量的形式折射出地区的整体信用状况。一般来说,各项信用评价指标之间由于各自量纲及量级的不同而存在着不可公度性,这就需要排除各项指标的量纲不同及数值的数量级间的差异所带来的影响,因此,需要对指标进行同度量转换。线性无量纲化方法是当前综合评价中应用最为广泛的指标预处理方法,常用的方法包括标准化处理法、极值处理法、线性比例法、归一化处理法、向量规范法和功效系数法。从指标功能上来看,指标有"极大型指标"(又称正向指标)、"极小型指标"(又称逆向指标或负向指标)、"适度指标"和"区间型指标"4 类,一般在无量纲化前要求先进行一致化转换。MECCI 评价体系中有"正向指标""逆向指标"和"适度指标"3 类指标。

对于逆向指标 z_{ij},先采用如下公式转换为正向指标 x_{ij}:

$$x_{ij} = \frac{1}{z_{ij}}, z_{ij} > 0 \tag{4-1}$$

对于适度指标 z_{ij},先采用如下公式转换为正向指标 x_{ij}:

$$x_{ij} = \begin{cases} 2(z_{ij} - m), m \leqslant z_{ij} \leqslant \dfrac{M+m}{2} \\ 2(M - z_{ij}), \dfrac{M+m}{2} \leqslant z_{ij} \leqslant M \end{cases} \tag{4-2}$$

式中，m 为指标 z_{ij} 的一个允许下界；M 为指标 z_{ij} 的一个允许上界。

将 MECCI 全部评价指标转换为正向指标之后，海洋产业信用能力评价体系的各项指标采用功效系数法进行无量纲化转换，而海洋信用环境评价体系的各项指标采用线性比例法进行无量纲化转换。具体介绍如下。

海洋产业信用能力评价指标主要采用功效系数法进行同度量转换。标准模式下，正向指标的功效系数公式采用如下形式：

$$x_{ij}^* = c + \frac{x_{ij} - m_j^1}{M_j' - m_j'} \times d, x_j^* \in [c, c+d] \tag{4-3}$$

式中，x_{ij} 为第 i 个样本第 j 项评价指标的实际值，M_j'，m_j' 分别为指标 x_{ij} 的满意值和不容许值；c，d 均为已知正整数；c 的作用是对变换后的值进行"平移"；d 的作用是对变换后的值进行"放大"或"缩小"。这种处理方法的取值范围确定，满分值为 $c+d$，最小值为 c。在实际应用中，当指标 x_{ij} 实际取值出现高于满意值 M_j'，则得分为满分值 $c+d$；当指标 x_{ij} 实际取值低于不容许值 m_j'，则得分为最小值 c。因此，可以将上述公式进一步改进为：

$$x_{ij}^* = \begin{cases} c & x_{ij} < m_j' \\ c + \dfrac{x_{ij} - m_j'}{M_j' - m_j'} \times d & m_j' \leqslant x_{ij} \leqslant M_j' \\ c+d & x_{ij} > M_j' \end{cases} \tag{4-4}$$

举例来说，正向指标流动比率的满意值 $M_j' = 150\%$，不容许值 $m_j' = 100\%$，最小值设定为 $c=0$，满分值 $c+d=100$，某企业该项指标的实际值为 $x_{ij} = 120\% \in [m_j', M_j']$，则最终得分 $x_{ij}^* = 40$；如果其实际值 $x_{ij} = 180\% \in (M_j', +\infty)$，则为满分 100 分；如果实际值为 $80\% \in (-\infty, m_j')$，则为最小值 0。

在企业信用评价过程中，为了统一标准，上述公式中的最小值 c 一律设定为 0，满分值 $c+d$ 则设定为 100，评价结果的取值范围为 $[0, 100]$，因此，实际计算的公式为：

$$x_{ij}^* = \begin{cases} 0 & x_{ij} < m_j' \\ \dfrac{x_{ij} - m_j'}{M_j' - m_j'} \times 100 & m_j' \leqslant x_{ij} \leqslant M_j' \\ 100 & x_{ij} > M_j' \end{cases} \tag{4-5}$$

关于各项指标参照值的设定，由于不同行业同一指标的参照值也会有很大差异，因此，评价标准可以酌情采用国内或区域内同行业水平。定量指标评价标准值的选取主要通过 2 个途径：一是参考相应行业的标准值，主要的参考依据是国务院国资委统计评价局历年出版的《企业绩效评价标准值》，其中 M 为《企业绩效评价标准值》中各行业的优秀值，m 为较差值；二是从众诚资信评估公司和杭州资信评估公司数据库中选取样本企业,通过对样本数据的分析,确定标准值,其中的 M 为各行业对应指标的第 90 百分位数 P_{90},m 为第 10 百分位数 P_{10}。

(二)定性指标的定量化转换方法

定性指标主要从质的方面对涉海企业的信用风险进行综合考察,企业的信用状况不仅体现在可以量化的各项定量指标上,同时也体现在不宜直接量化的定性指标上。定性评价是对企业信用进行定量评价基础上的有效补充,将定量分析和定性分析相结合,可以更为全面客观地衡量企业的信用风险状况。定性指标,又可以称为主观性指标和软指标,其评价主要建立在评价者对评价对象的认知水平、认知能力或个人偏好等主观性因素上,因而很难完全排除人为因素的干扰对评价结果造成的偏差,具有一定的模糊性或灰色性。定性指标的定量化主要有 2 种常见的处理方法:直接量化法和间接量化法[1]。直接量化法是对总体中各单位在某一定性变量上的取值的直接评定。这种量化方法要求将特定总体中的全体单位作为一个整体来考虑,量化值与总体选取有关。间接量化法则是先列出定性变量的所有可能取值的集合,并且将每个待评价单位在该变量上的定性取值登记下来,然后再将"定性变量取值集合"中的元素进行量化,据此将每个单位的定性取值全部转换为数量。

考虑到 MECCI 定量指标的取值经功效系数法或线性比例法转换之后,范围为 $[0,100]$,为了保证定性指标和定量指标在集成方式上能保持一致,因此,在定性指标取值的设置上,一般也统一将范围限定在 $[0,100]$。有关各定性指标的量化方法详见 MECCI 定性指标内涵和测算方法部分的内容介绍。

二、MECCI 指标权重和行业权重的设置

(一)权重设置的基本原则

MECCI 采用指标和产业双向加权的方式编制,因此,需要同时确定各级指标权重及各产业权重。

1. 指标权重系数设置的基本原则

指标权重系数的确定,是信用评价中的核心问题之一。权重系数的确定方法

---

[1] 苏为华等:《社会经济和谐发展度综合评价体系研究——基于主客观双重系统的实证分析》,浙江工商大学出版社 2009 年版。

非常之多,研究成果也十分丰富,郭亚军将权重系数的确定方法分为 3 大类:一是基于"功能驱动"原理的赋权法;二是基于"差异驱动"原理的赋权法;三是综合集成赋权法[①]。基于"功能驱动"原理的赋权法实质是根据评价指标的相对重要性程度来确定其权重系数,主要有主观途径和客观途径 2 类。主观赋权法又包括"直推型"主观赋权法与"反推型"主观赋权法,前者是指评价者直接对各指标的重要性程度进行比较以获取权重系数,后者是指评价者先对评价对象(或方案)的优劣进行比较,再根据比较信息逆向求取权重系数的方式。由于主观赋权法确定的权重系数在很大程度上取决于专家的知识、经验及偏好,为了避免在确定权重系数时受人为因素的干扰,还可以采取基于"差异驱动"原理的客观赋权法,其基本思想是权重系数是各指标总体中的变异程度和对其他指标影响程度的度量,应该根据各指标所提供信息量的大小来决定相应指标的权重系数。郭亚军将赋权方法进行了如下归类,如表 4-1 所示。

表 4-1　赋权方法归类

原　理	类　型	方　法	特　点
功能驱动	指标偏好型	极值迭代法、特征值法、G_1-法和 G_2-法	直接表达评价者主观信息
	方案偏好型	基于方案偏好的赋权法、基于方案偏好强度的赋权法	突出评价者直觉判断能力
差异驱动	整体差异型	"拉开档次"法、逼近理想点法	突出方案可辨识性或方案的自由竞争性原则
	局部差异型	均方差法、极差法、熵值法	突出指标可辨识性原则

　　对同一个综合评价问题而言,上述 2 大类赋权法各有千秋。主观赋权法(指基于"功能驱动"原理的赋权法)虽然反映了评价者的主观判断或直觉,但在综合评价结果或排序中可能产生一定的主观随意性;而客观赋权法(指基于"差异驱动"原理的赋权法),虽然通常利用比较完善的数学理论与方法,但却忽视了评价者的主观信息,而此信息对评价来说有时是至关重要的。尽管如此,基于"差异驱动"原理的赋权法,虽然避免了主观赋权法的弊病,却存在明显的不足之处,如对同一指标体系的 2 组不同的样本,即使使用同一种方法来确定各指标的权重系数,结果也可能会有差异。而这一点对于构建企业信用综合指数来说,影响和后果是严重的,一般来说,采用综合指数法构建企业信用指数要尽可能地维持指标权重在不同测量时期的前后一致性,至少不宜频繁调整权重,否则,测量结果便会失去前后的可比性,从而使指数失去研究价值。因此,本书在评价指标权重确定的方法上选用基于"功

---

①　郭亚军:《综合评价理论、方法与拓展》,科学出版社 2012 年版。

能驱动"原理的赋权法。

2. 行业权重系数设置的基本原则

MECCI 的编制过程涉及 2 种行业分类方法：一是从国民经济行业分类的角度进行划分，设置不同行业评价指标体系，实现各样本企业的信用评价，其依据的是《国民经济行业分类》（GB/T 4754—2011）的分类标准；二是从海洋经济行业分类的角度进行划分，主要目的是编制 MECCI 各行业分类指数和总指数，其依据的是《海洋经济统计分类与代码》（HY/T052—1999）和《海洋及相关产业分类》（GB/T 20794—2006）。可见，此处讨论的行业权重主要是针对后一种的。

海洋行业权重系数设置体现的是各海洋行业在区域海洋经济中的地位和作用。因此，确定权重最为普遍的做法便是按照当地在某一时间段各海洋产业的产值占整个海洋经济总产值的比重来加以确定。但是由于我国当前的海洋经济统计核算尚处于起步阶段，除了全国层面的海洋经济统计数据之外，往往不能得到地区层面上完整的海洋产业统计信息。因此，在实践操作过程中为克服这一困难，只能对某一区域海洋产业产值比重进行估算，以此来确定各海洋行业权重系数。

（二）各级指标权重设置方法

1. 一级指标的确权方法：群组 AHP 确权

MECCI 由信用素质、经济实力、偿债能力、经营能力、发展潜力和外部信用环境 6 个一级指标组成，采用群组 AHP 确权方法可以综合多位专家对指标重要性判断的主观经验，相较于仅依赖个别专家的确权结果，其更具权威性和可靠性。群组 AHP 确权的详细步骤如下。

（1）AHP 确权的原理。

基于"功能驱动"的一级指标权重确定的方法选择群组层次分析法（群组 AHP 法），它属于特征值法的范畴。群组 AHP 法由 20 世纪 70 年代初美国匹兹堡大学教授 Saaty 提出，是一种定性分析与定量分析相结合的系统分析方法，是目前综合评价实践中应用最为广泛的一种。其确权的过程可以大致分为以下 3 个步骤：

第一步：通过两两比较，确定二级指标之间重要性比较的比例判断矩阵，记为 A，即：

$$A = \begin{bmatrix} a_{11} & a_{12} & \cdots & a_{1m} \\ a_{21} & a_{22} & \cdots & a_{2m} \\ \vdots & \vdots & & \vdots \\ a_{m1} & a_{m2} & \cdots & a_{mm} \end{bmatrix} \tag{4-6}$$

式中，a_{ij} 的含义是第 i 个二级指标的重要性是第 j 个指标重要性的倍数。这里采用如下比例九标度来确定相应的值,如表 4-2 所示。a_{ij} 则由熟悉该产业领域的专家来确定。

表 4-2 AHP 参考九标度体系

a_{ij} 值	取值的物理含义	对应的二元权分配关系
1	i 与 j 一样重要	0.5：0.5
11/9	i 比 j 稍微重要	0.55：0.45
1.5	i 比 j 明显重要	0.6：0.4
7/3	i 比 j 强烈重要	0.7：0.3
9	i 比 j 极端重要	0.9：0.1

第二步:由判断矩阵 A,通过解特征方程得到指标权重系数 w,记:

$$w = [w_1, w_2, w_3, \cdots, w_m]^T \tag{4-7}$$

即:

$$Aw = \lambda_{\max} w \tag{4-8}$$

式中,$\lambda_{\max}$ 为判断矩阵 A 的最大特征根;权向量为相应的特征向量。判断矩阵最大特征值所对应特征向量的简易算法有乘积方根法(几何平均值法)及列和求逆法(代数平均值法)。具体解法可参考郭亚军的《综合评价理论、方法及拓展》和苏为华的《综合评价学》。

第三步:计算一致性比例(CR),以检查所构判断矩阵 A 及由之导出的权向量的合理性。一致性比例(CR)的计算公式为:

$$CR = \frac{CI}{RI} \tag{4-9}$$

式中,RI 为同阶平均随机一致性指标,CI 为一致性指标,其计算公式为:

$$CI = \frac{\lambda_{\max} - n}{n - 1} \tag{4-10}$$

其中,$\lambda_{\max}$ 为 A 矩阵的最大特征根。通常采用 Satty 提出的 $CR \leqslant 10\%$ 的标准进行判断。即如果一个判断矩阵的 $CR \leqslant 10\%$ 时,认为其不一致程度是可接受的,否则认为不一致性太严重,需要重新构造判断矩阵或做必要的调整。

(2)群组 AHP 确权。

对于大多数社会经济系统的评价与决策问题,由于问题的复杂性,仅依赖个别专家的主观判断往往是不现实的,一个复杂系统通常需要更多决策者(即专家)共同参与才能完成。在 AHP 构权过程中,可以邀请多位专家咨询,此时将在同一个准则下获得多个判断矩阵,在这种方式下进行的决策称之为群组 AHP。在企业信用评价过程中,为了避免一级指标层权重受个别专家的主观偏好影响,需要邀请多位专家共同决策,得到更具广泛认可的权重向量。群组 AHP 确权的理论研究成果很多,采用多位专家独立 AHP 构造权数结果的加权算术平均算法,即每位专家各自采用 AHP 构造权数,得到各自的权向量,然后再将全部专家按照专家权重(专家的重要性)计算加权算术平均值。

记有 q 位专家,专家的权重为 $P = [p_1, p_2, \cdots, p_q]$,满足 $\sum\limits_{i=1}^{q} p_i = 1$,所有专家用 AHP 法构造的各自权重矩阵为 $W_i = [w_1, w_2, \cdots, w_q]^T$,其中 W_i 为每位专家用 AHP 原理部分独立求得的权向量。则群组 AHP 确权的计算公式为:

$$w^{(1)} = \sum_{i=1}^{q} p_i w_i \qquad (4\text{-}11)$$

群组 AHP 法确权的流程如图 4-1 所示。

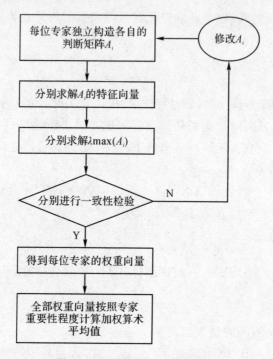

图 4-1 专家群组 AHP 确权流程

2. 二级指标的确权方法:均方差确权法

采用均方差确权法的目的在于突出二级指标在评价对象上的局部差异,这是一种基于"差异驱动"原理的客观赋权方法,其特点在于突出二级指标的可辨识性。

取二级指标权重系数:

$$w_j^{(2)} = \frac{s_j}{\sum\limits_{k=1}^{m} s_k}, j = 1, 2, \cdots, m \qquad (4\text{-}12)$$

式中:

$$s_j^2 = \frac{1}{n}\sum_{i=1}^{n}(x_{ij} - \bar{x}_j)^2, j = 1, 2, \cdots, m \tag{4-13}$$

而：

$$\bar{x}_j = \frac{1}{n}\sum_{i=1}^{n}x_{ij}, j = 1, 2, \cdots, m \tag{4-14}$$

3. 三级指标的确权方法：序关系确权法

在 MECCI 评价指标体系中，无论是一级指标层还是二级指标层，其指标数量并不多，因此，采用 AHP 法进行两两比较构造判断矩阵是比较容易实现的。但是在三级指标层上，直接采取 AHP 构造权数却存在一定的操作困难，这是因为三级指标数量众多，这时仅建立判断矩阵就要进行 $m(m-1)/2$ 次的两两元素的比较判断，特征值的计算量也非常庞大，更为重要的一点是，当被比较的元素过多时，判断就会不准确（心理学上一般认为数量超过 9 时就不适宜），则建立一致性矩阵的难度大大增加。考虑到上述困难，三级指标权重向量构造的方法采用序关系分析法（G_1-法）来加以确定。有关 G_1-法确权的相关研究可以参考郭亚军的《综合评价理论、方法及拓展》一书。采用 G_1-法确权分 3 个步骤：确定序关系；给出指标间相对重要程度的比较判断；权重系数的计算。详细过程介绍如下。

（1）确定各三级指标的序关系。

假定对来自某二级指标层下的 m 个三级指标集 $\{x_1, x_2, \cdots, x_m\}$，根据专家意见确立如下序关系：

$$x'_1 > x'_2 > \cdots > x'_m \tag{4-15}$$

这里 x'_j 表示按序关系"$>$"排定顺序后的第 j 个评价指标（$j=1,2,\cdots,m$）。评价指标集按如下步骤建立序关系。

第一步：专家（或决策者）在 $\{x_1, x_2, \cdots, x_m\}$ 指标集中，选出认为最重要的 1 个（只选 1 个）指标记为 x'_1。

第二步：专家（或决策者）在余下的 $m-1$ 个指标中，选出认为最重要的 1 个（只选 1 个）指标记为 x'_2。

第三步：以此类推，直至经过 $m-1$ 轮挑选，最终剩下的评价指标记为 x'_m。

（2）相对重要程度的比较判断。

设专家关于评价指标 x_{k-1} 与 x_k 的重要性程度之比 w_{k-1}/w_k 的理性判断为：

$$w_{k-1}/w_k = r_k, k = m, m-1, \cdots, 3, 2 \tag{4-16}$$

式中，具体的赋值情况如表 4-3 所示。

表 4-3 r_k 赋值参考情况

r_k	说　明
1.0	指标 x_{k-1} 与 x_k 具有同样重要性
1.2	指标 x_{k-1} 比 x_k 稍微重要
1.4	指标 x_{k-1} 比 x_k 明显重要
1.6	指标 x_{k-1} 比 x_k 强烈重要
1.8	指标 x_{k-1} 比 x_k 极端重要

(3)权重系数的计算。

权重系数的计算公式如下：

$$w_m = (1 + \sum_{k=2}^{m} \prod_{i=k}^{m} r_i)^{-1} \tag{4-17}$$

而 $w_{k-1} = r_k \cdot w_k, k = m, m-1, \cdots, 3, 2$。

由此便可以得出某二级指标层下各三级指标的全部权重系数。

同理，如果为了减弱专家人为因素的干扰，更客观、更准确地给出评价指标的权重系数，可以同时邀请多位专家对同一排序问题进行比较判断，然后从中"综合"出一个较为理想的结果。由于对二级指标采用群组确权的操作过程较为复杂，加上在一级指标上已经进行群组 AHP 构造权数排除个别专家的主观干扰，因此，二级指标 G_1-法确权为唯一专家确权法。

(三)行业权重设置方法

1. 行业权重的计算方法(当有完整统计资料时)

当某一地区海洋各大产业的统计资料较为完整时，便可以按照各产业产值的比重来确权。以 2012 年全国海洋产业权重系数计算为例，首先由《2012 年中国海洋经济统计公报》得到全国海洋生产总值及其构成，然后计算得到产值比重，即行业权重，结果如表 4-4 所示。

表 4-4 全国海洋生产总值及其构成

	总　量(亿元)	比　重(%)
海洋生产总值	50 087	100
海洋产业	29 397	58.69
主要海洋产业	20 575	41.08
海洋渔业	3 652	7.29

续 表

	总 量(亿元)	比 重(%)
海洋油气业	1 570	3.13
海洋矿业	61	0.12
海洋盐业	74	0.15
海洋化工业	784	1.57
海洋生物医药业	172	0.34
海洋电力业	70	0.14
海水利用业	11	0.02
海洋船舶工业	1 331	2.66
海洋工程建筑业	1 075	2.15
海洋交通运输业	4 802	9.59
滨海旅游业	6 972	13.92
海洋科研教育管理服务业	8 822	17.61
海洋相关产业	20 690	41.31

数据来源:《2012 年中国海洋经济统计公报》。

2. 行业权重的估算方法(当统计资料不全时)

(1)基期行业权重的估算方法。

当无法从官方的公开资料中得到某一地区各大海洋产业产值及构成的权威统计资料时,只能对其进行估算。基期行业权重的估算主要依据现有的资料(如样本企业数据),结合行业专家的主观经验判断,将两者按照一定的权重线性加权得到估算值。

举例来说,首先计算来自不同海洋产业的样本企业的年总产值(常以年营业收入来表示)及其构成,计算各自比重,如表 4-5 所示"比重(1)"列;然后邀请专家结合自身经验对行业进行赋权,当有多位专家时,可以采用德尔菲专家调查法、专家群组 AHP 确权法等得到更为可靠的结果,如表中"专家赋权(2)"列;最后,将样本企业权重和专家赋权结果进行线性加权,得到最终权重,如表 4-5 中最后一列。

表 4-5 样本企业的海洋生产总值及构成

海洋生产总值	样本企业年总产值(亿元)	比重(1)(%)	专家赋权(2)(%)	最终权重(%) 0.6×(1)+0.4×(2)
	905.98	100.00	100.00	100.00
海洋产业	894.62	72.22	75.00	73.33

海洋生产总值	样本企业年总产值(亿元)	比重(1)(%)	专家赋权(2)(%)	最终权重(%)0.6×(1)+0.4×(2)
	905.98	100.00	100.00	100.00
主要海洋产业	67.77	71.31	70.00	70.79
海洋渔业	89.41	5.40	5.00	5.24
海洋油气业	33.86	7.13	7.00	7.08
海洋矿业	7.97	2.70	3.00	2.82
海洋盐业	47.04	0.64	2.00	1.18
海洋化工业	1.66	3.75	4.00	3.85
海洋生物医药业	15.90	0.13	1.00	0.48
海洋电力业	1.26	1.27	2.00	1.56
海水利用业	348.17	0.10	1.00	0.46
海洋船舶工业	91.34	27.75	20.00	24.65
海洋工程建筑业	93.09	7.28	8.00	7.57
海洋交通运输业	97.15	7.42	7.00	7.25
滨海旅游业	11.36	7.74	10.00	8.64
海洋科研教育管理服务业	348.49	0.91	5.00	2.55
海洋相关产业	905.98	27.78	25.00	26.67

(2)行业权重系数的调整。

行业权重系数并不是一成不变的,其需要随着行业结构的变动及时做出调整。由于 MECCI 编制以年为周期,因此,一般每年需要调整一次。除基期行业权重系数采用营业收入行业占比和专家主观赋权加权方法得出之外,其余测算周期内历年行业权重系数均采用移动加权平均法进行调整。

假定第 t 年各行业的权重为 w_t^h,则第 $t+1$ 年的行业权重为 $0.5w_t^h+0.5w_{t+1}^h$。

三、MECCI 综合评价模型

(一)确定 MECCI 综合评价模型的基本原则

MECCI 指标综合评价,是指通过一定的数学模型(或称综合评价函数、集结模型、集结算子)将多个信用评价指标"合成"为一个整体性的信用综合评价值。郭亚军[①]将常用的信息集结方式分为 3 类:基于指标性能的集结方式、基于指标值位置的集结方式及基于指标值分布的集结方式。其中,基于指标性能的集结方式最为常用,其集成方法包括线性加权综合法(又称加权算术平均算子)、非线性加权综合法[又称"乘法"合成法或加权几何平均(WGA)算子]、增益型线性加权综合法、理想点法(TOPSIS 法)等。线性加权综合法突出了系统的功能性(即各评价指标值的大小),非线性加权综合法突出的是系统的均衡(或协调)性(即强调各评价指标值之间的均衡性)。事实上,系统的运行状况本身就包含了"功能性"与"均衡性"这2方面的特征。因此,一般来说,在实际的评价过程中不应该将这两者分开,如果将这两者兼顾起来评价各评价对象,将会得到更加贴近实际情况且更易被人们接受的评价(或排序)结果。在信用综合评价过程中,选用可以同时兼顾企业信用"功能性"与"均衡性"的综合评价模型,可以更为客观公正地反映企业真实的信用状况。因此,基于上述考虑,结合本文所构造的综合评价指标体系,在综合评价模型选择上,对一级指标层采用线性加权综合法,其原理简单,操作方便,在实证中应用最为广泛,采用线性加权综合法,可以发挥不同评价对象的自身优势,通过取长补短的方式给自己的信用加分,其鼓励受评对象个性化发展,评价模型则主要用于体现上述"功能性"特征。而对二级指标层,采用非线性加权综合法中的乘法合成模型,其主要体现受评对象在各个维度上的均衡性,鼓励受评对象在各维度上尽量做到均衡发展;最后在反映各个维度内部的三级指标层上,也采用线性加权综合法。因此,采用兼顾"功能性"的线性加权综合模型与"均衡性"的乘法合成模型的组合集结评价模型,便可以达到信用评价的最终目的。

其中,线性加权综合模型(加法合成模型)如下:

$$y = \sum_{j=1}^{m} w_j x_j \tag{4-18}$$

式中,y 为系统(或被评价对象)的综合评价值,w_j 是与评价指标 x_j 相应的权重系数$[0 \leqslant w_j \leqslant 1(j = 1, 2, \cdots, m), \sum_{j=1}^{m} w_j = 1]$。

非线性加权综合模型(乘法合成模型)如下:

$$y = \prod_{j=1}^{m} x_j^{w_j} \tag{4-19}$$

式中,w_j 为权重系数,$x_j \geqslant 1$。

---

① 郭亚军:《综合评价理论、方法与拓展》,科学出版社 2012 年版。

(二)MECCI 综合评价模型设计思路

按照上述模型设计的基本原则,MECCI 综合评价模型按照如下思路设计:首先,将各三级指标按照加法合成模型得到二级指标;然后将二级指标按照乘法合成模型得到一级指标;最后将一级指标按照加法合成模型得到最终评价值。具体解释如图 4-2 所示。

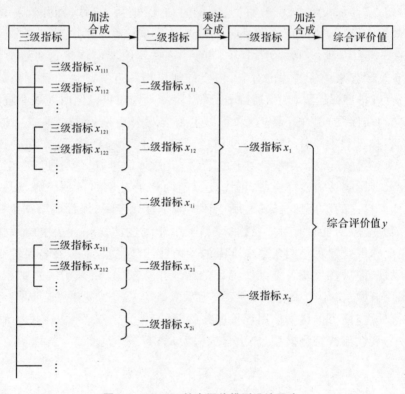

图 4-2 MECCI 综合评价模型设计思路

之所以在一级和三级指标层使用线性加权综合法的理由是:线性加权综合法是当前采用最为广泛的多指标综合评价集结模型,其主要特点是各评价指标对综合评价水平的贡献彼此保持相互独立,各评价指标可以通过线性补偿的形式维持综合评价水平,即某些评价指标值的下降可以由另外一些评价指标值的上升得以补偿,其突出了指标值或指标权重较大者的作用,加之对指标数据要求较低,计算方法简单易懂,因此满足一级指标层和三级指标层集结模型的特征要求。

而之所以在二级指标层采用非线性加权综合法的理由是:非线性加权综合法适用于各指标间有较强关联的场合,其强调指标值(无量纲)大小的一致性,其突出评价值中较小者的作用,体现出"木桶原理"的特征。在各二级指标层上,受评对象唯有做到各方面的全面、协调发展才能得到较高的信用评价值。这与现实状况是吻合的,以偿债能力为例。其由短期偿债能力和长期偿债能力 2 个二级指标组成,和加法合成模型原理不同,一家企业短期偿债能力上的加分并不能弥补其在长期偿债能力上的减分,反之亦然,只有做到两者兼备,才表明其具有良好的偿债能力,这就是典型的"木桶原理"的特征。

(三)MECCI 综合评价模型

根据上述 MECCI 综合评价模型的设计思路,结合 MECCI 的评价指标体系,最终可以得到如图 4-3 所示的 MECCI 综合评价模型。从图 4-3 中可以看出,企业信用综合评价 M 值的计算步骤为。

第一步:将企业信用的各三级评价指标通过加法合成模型得到各二级指标。

计算公式为:

$$Mij = \sum_{k=1}^{n_{Mij}} Mijk \times W^{Mijk} , i = 1,2,\cdots,6, j = 1,2,\cdots n_{Mi} , k = 1,2,\cdots,n_{Mij}$$

$$(4\text{-}20)$$

第二步:将企业信用的各二级评价指标通过乘法合成模型得到一级指标。

计算公式为:

$$Mi = \prod_{j=1}^{n_{Mi}} Mij^{W^{Mij}} , i = 1,2,\cdots,6, j = 1,2,\cdots n_{Mi} \qquad (4\text{-}21)$$

第三步:将企业信用的各一级评价指标通过加法合成模型得到综合评价 M 值。

计算公式为:

$$M = \sum_{i=1}^{6} Mi \times W^{Mi} , i = 1,2,\cdots,6 \qquad (4\text{-}22)$$

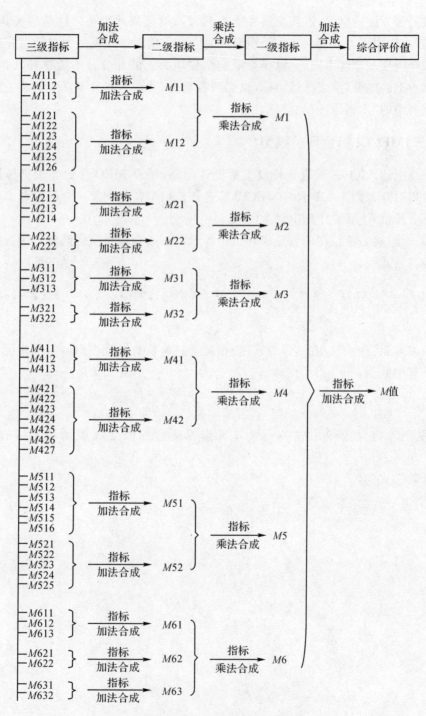

图 4-3 MECCI 综合评价模型

(四)MECCI 评价结果等级划分

根据信用综合评价模型得到的 MECCI 综合评价值的取值范围为 $[0,100]$，结合目前国际信用评级中通行的"五等十级制"划分方式，对其最终评价得分按照如表 4-6 所示的标准进行划分。

表 4-6　MECCI 评价得分的信用等级划分及释义

信用状况	M 值得分范围	信用等级	含　义
优秀	$\geqslant 90 \leqslant 100$ $\geqslant 80 < 90$	AAA AA	外部信用环境好，产业整体信用程度高，债务风险小，信用记录优秀，经营状况佳，盈利能力强，发展前景广阔
良好	$\geqslant 70 < 80$ $\geqslant 60 < 70$	A BBB	外部信用环境尚可，产业整体信用程度较高，债务风险较小，信用记录正常，经营处于良性循环状态，存在一些影响未来经营与发展的不确定因素，进而削弱盈利能力和偿还能力
一般	$\geqslant 50 < 60$ $\geqslant 40 < 50$	BB B	外部信用环境一般，产业整体信用程度较差，偿还能力弱，未来前景不明朗
较差	$\geqslant 30 < 40$ $\geqslant 20 < 30$	CCC CC	外部信用环境较差，产业几乎没有偿债能力
很差	$\geqslant 10 < 20$ $0 < 10$	C D	外部信用环境恶化，产业完全丧失信用能力，濒临破产

第五章
MECCI 模型

一、MECCI 编制基本原则

MECCI 按照统计综合指数编制原理,采用加权平均数指数法编制而成。MECCI 的编制必须考虑以下 4 个基本要素,即权重、样本、基期和计算公式。这 4 个要素将直接影响指数功能的发挥。下面对 MECCI 的编制针对上述 4 个基本要素逐一加以说明。

(一)权重的设置

权重是采用加权指数法编制指数时最为重要的一个环节。它是权衡各项代表规格品指数化因素的变动对总指数变动影响作用的统计指标,关系到指数的代表性和准确性。在加权综合指数法中,权数和同度量因素是统一的,一方面起着权衡各项指数化因素变动重要性的作用;另一方面起到将不能直接相加的代表规格品的指数化因素过渡到可相加因素上的媒介作用。在加权平均指数法中,权数起到权衡轻重的作用。权数的选择应注意以下 3 个方面的问题:一是权数内容的选择要服从研究目的;二是权数形式的选择要取决于客观具备的条件;三是权数时期的选择要考虑到计算结果的实际经济意义。[①]

编制 MECCI 时涉及的权重主要有 2 个,第一个权重为指标权(一级、二级和三级指标),第二个权重为行业权。关于指标权重和行业权重的设置方法已经在第四章中做了详细的介绍。

[①] 徐国祥等:《统计指数理论、方法与应用研究》,人民出版社 2011 年版。

（二）样本的选择

统计指数编制中样本规格品的选择要遵循以下基本原则：一是针对统计指数编制的目的；二是要有科学的抽样方法；三是遵循统一的选择标准；四是要有必要的适当的样本数量；五是要定期审查，及时调整更新。

MECCI 产业信用能力指数代表规格品（或样本）是指某一地区的企业。根据指数编制的基本原则，首先，抽样的范围限制在当地的企业中，为了保证样本企业的代表性，应对企业按照行业、地区、规模进行多维度的分类。其次，在抽样方法的选择上，既可以采用概率抽样的方法抽取样本，也可以考虑非概率抽样方法抽取样本，考虑到实际情况，可以采用目前国内统计指数编制中广泛采用的"划类选典"方法（或划类非随机抽样方法）来产生样本。再次，样本企业的数量有必要适当，样本企业过少则难以全面反映总体的变动，样本企业数量过多则造成较大的人力财力耗费，同时也影响指数编制效率。因此，可以考虑从不同产业、不同规模的企业中按照一定的比例抽取，产业规模较大的应该多抽取些，较小的可以少抽取些。而在抽取标准的统一上，应围绕样本代表性问题，选取各行各业中最有代表性的样本企业。一般而言，企业规模（比如企业总资产规模、营业收入、从业人员数）的大小是一个可以反映该企业在产业中地位和代表性的指标，因此，可以以此为标准来选择样本企业。最后，考虑到指数连续编制和定期发布的需要，样本企业必须每年进行一定数量的轮换。轮换的比例不易太多，这样做的目的是保证指数前后的可比性，一定比例的样本轮换则是考虑到现实的需要，保证最新的、最具代表性的企业可以入选。

（三）基期的选择

指数是反映研究对象某一属性变动的相对数，计算时存在着作为比较基础时期（也即基期）的选择问题。指数的基期与权数的时期是不同的概念。两者可以保持一致，也可以不同。基期的选择一般要满足以下要求：要服从指数编制的具体目的和要求，可以用计算期的前一期计算环比指数，用于反映研究对象的连续变化；也可以用固定的基期计算定基指数，用于研究现象的长期变动趋势。

MECCI 编制的主要目的是反映该地信用生态状况及变动趋势，考虑到当前指数编制的现实问题，其编制和发布的周期以年为单位较为合理，其比较的对象应该选择一地发展海洋经济过程中具有特殊意义的年份，以此时间作为基期，可以采用定基指数的方式来刻画企业信用状况的长期变动规律。当然，也可以在计算定基指数的同时，以上一年作为基期计算环比指数，用以反映短期企业信用的变动状况。

(四)指数的计算公式

总指数的编制方法大致有 2 类,第一类是简单指数法,第二类是加权指数法。加权指数法又包括加权综合指数法和加权平均指数法。指数公式的选择应以有关统计资料占有情况为基础,力求使计算的结果具有充分的经济意义,力求计算简明和结果的敏感性。

MECCI 的编制采用双向加权平均数指数计算公式。横向对样本企业的不同信用维度进行加权平均计算各维度分类指数,然后通过各维度的加权平均计算出综合指数,纵向对样本企业按照不同产业进行加权平均计算产业分类指数,然后再通过产业加权平均计算综合指数。因此,无论是横向还是纵向,综合指数和分类指数的编制均采用加权平均数指数法。

二、MECCI 的指数体系及代码说明

(一)按信用维度分类

从企业信用维度的角度来看,MECCI 可以分为信用素质、经济实力、发展潜力、偿债能力、经营能力和外部信用环境 6 个维度分类指数,具体如图 5-1 所示。

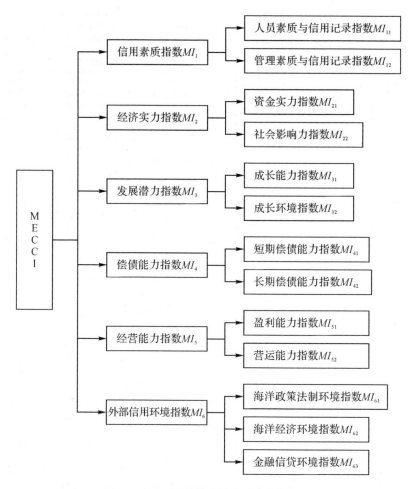

图 5-1 MECCI 的信用维度分类指数体系

（二）按海洋产业分类

从海洋经济角度来看，MECCI 又可以按照海洋三次产业分类，分为海洋第一产业指数、海洋第二产业指数和海洋第三产业指数；按照海洋主要产业及相关产业分类，可以分为主要海洋产业指数、海洋科研教育管理服务业指数和海洋相关产业指数；按传统海洋产业和新兴产业分类，可以分为传统海洋产业指数、新兴海洋产业指数和海洋服务业指数。同时，3 种不同的标准下又可以进一步细分出若干个海洋行业小类指数。以海洋三次产业分类为例，其指数体系如图 5-2 所示。

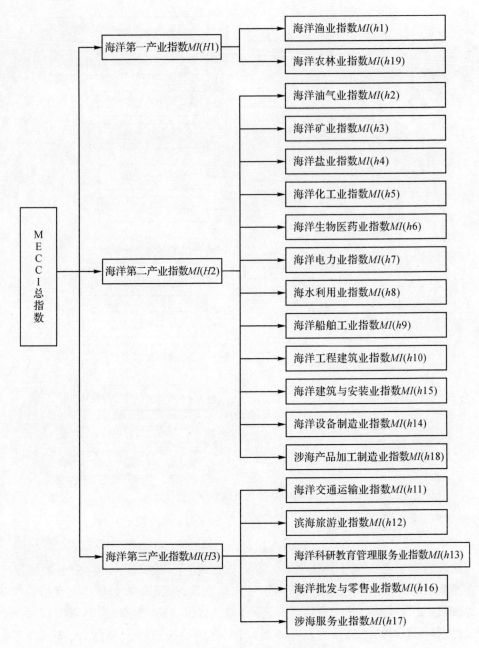

图 5-2 MECCI 的海洋产业分类指数体系

(三)按信用维度——海洋产业交叉分类

从信用维度和海洋产业双向来看,可以得到 MECCI 的信用维度和海洋产业交叉分类指数。如表 5-1 所示，$MI_j(hk)$ 为来自第 $j(j=1,2,\cdots,6)$ 个信用维度第 hk $(k=1,2,\cdots,19)$ 个海洋产业的小类指数；$MI_j(Hl)$ 为来自第 $j(j=1,2,\cdots,6)$ 个信用维度第 $Hl(l=1,2,3)$ 个海洋第三产业的中类指数；$MI(hk)$ 为来自第 $hk(k=1,2,\cdots,19)$ 个海洋产业的中类指数；$MI(Hl)$ 为第 $Hl(l=1,2,3)$ 个海洋第三产业的大类指数；MI_j 为来自第 $j(j=1,2,\cdots,6)$ 个信用维度的大类指数；MECCI 为总指数。

表 5-1　MECCI 的信用维度—海洋产业交叉分类指数

海洋产业＼信用维度	信用素质	经济实力	发展潜力	偿债能力	经营能力	信用环境	行业分类指数
海洋第一产业	$MI_1(H_1)$	$MI_2(H_1)$	$MI_3(H_1)$	$MI_4(H_1)$	$MI_5(H_1)$	$MI_6(H_1)$	$MI(H_1)$
海洋渔业	$MI_1(h_1)$	$MI_2(h_1)$	$MI_3(h_1)$	$MI_4(h_1)$	$MI_5(h_1)$	$MI_6(h_1)$	$MI(h_1)$
海洋农林业	$MI_1(h_{19})$	$MI_2(h_{19})$	$MI_3(h_{19})$	$MI_4(h_{19})$	$MI_5(h_{19})$	$MI_6(h_{19})$	$MI(h_{19})$
海洋第二产业	$MI_1(H_2)$	$MI_2(H_2)$	$MI_3(H_2)$	$MI_4(H_2)$	$MI_5(H_2)$	$MI_6(H_2)$	$MI(H_2)$
海洋油气业	$MI_1(h_2)$	$MI_2(h_2)$	$MI_3(h_2)$	$MI_4(h_2)$	$MI_5(h_2)$	$MI_6(h_2)$	$MI(h_2)$
海洋矿业	$MI_1(h_3)$	$MI_2(h_3)$	$MI_3(h_3)$	$MI_4(h_3)$	$MI_5(h_3)$	$MI_6(h_3)$	$MI(h_3)$
海洋盐业	$MI_1(h_4)$	$MI_2(h_4)$	$MI_3(h_4)$	$MI_4(h_4)$	$MI_5(h_4)$	$MI_6(h_4)$	$MI(h_4)$
海洋化工业	$MI_1(h_5)$	$MI_2(h_5)$	$MI_3(h_5)$	$MI_4(h_5)$	$MI_5(h_5)$	$MI_6(h_5)$	$MI(h_5)$
海洋生物医药业	$MI_1(h_6)$	$MI_2(h_6)$	$MI_3(h_6)$	$MI_4(h_6)$	$MI_5(h_6)$	$MI_6(h_6)$	$MI(h_6)$
海洋电力业	$MI_1(h_7)$	$MI_2(h_7)$	$MI_3(h_7)$	$MI_4(h_7)$	$MI_5(h_7)$	$MI_6(h_7)$	$MI(h_7)$
海水利用业	$MI_1(h_8)$	$MI_2(h_8)$	$MI_3(h_8)$	$MI_4(h_8)$	$MI_5(h_8)$	$MI_6(h_8)$	$MI(h_8)$
海洋船舶工业	$MI_1(h_9)$	$MI_2(h_9)$	$MI_3(h_9)$	$MI_4(h_9)$	$MI_5(h_9)$	$MI_6(h_9)$	$MI(h_9)$
海洋工程建筑业	$MI_1(h_{10})$	$MI_2(h_{10})$	$MI_3(h_{10})$	$MI_4(h_{10})$	$MI_5(h_{10})$	$MI_6(h_{10})$	$MI(h_{10})$
海洋设备制造业	$MI_1(h_{14})$	$MI_2(h_{14})$	$MI_3(h_{14})$	$MI_4(h_{14})$	$MI_5(h_{14})$	$MI_6(h_{14})$	$MI(h_{14})$
海洋建筑与安装业	$MI_1(h_{15})$	$MI_2(h_{15})$	$MI_3(h_{15})$	$MI_4(h_{15})$	$MI_5(h_{15})$	$MI_6(h_{15})$	$MI(h_{15})$
涉海产品加工业	$MI_1(h_{18})$	$MI_2(h_{18})$	$MI_3(h_{18})$	$MI_4(h_{18})$	$MI_5(h_{18})$	$MI_6(h_{18})$	$MI(h_{18})$
海洋第三产业	$MI_1(H_3)$	$MI_2(H_3)$	$MI_3(H_3)$	$MI_4(H_3)$	$MI_5(H_3)$	$MI_6(H_3)$	$MI(H_3)$
海洋交通运输业	$MI_1(h_{11})$	$MI_2(h_{11})$	$MI_3(h_{11})$	$MI_4(h_{11})$	$MI_5(h_{11})$	$MI_6(h_{11})$	$MI(h_{11})$
滨海旅游业	$MI_1(h_{12})$	$MI_2(h_{12})$	$MI_3(h_{12})$	$MI_4(h_{12})$	$MI_5(h_{12})$	$MI_6(h_{12})$	$MI(h_{12})$
海洋科研教育管理服务业	$MI_1(h_{13})$	$MI_2(h_{13})$	$MI_3(h_{13})$	$MI_4(h_{13})$	$MI_5(h_{13})$	$MI_6(h_{13})$	$MI(h_{13})$
海洋批发与零售业	$MI_1(h_{16})$	$MI_2(h_{16})$	$MI_3(h_{16})$	$MI_4(h_{16})$	$MI_5(h_{16})$	$MI_6(h_{16})$	$MI(h_{16})$
涉海服务业	$MI_1(h_{17})$	$MI_2(h_{17})$	$MI_3(h_{17})$	$MI_4(h_{17})$	$MI_5(h_{17})$	$MI_6(h_{17})$	$MI(h_{17})$
信用维度分类指数	MI_1	MI_2	MI_3	MI_4	MI_5	MI_6	MECCI 总指数

(四)按其他标准分类

此外,还可以按照企业规模分为大型海洋企业信用指数、中型海洋企业信用指数、小型海洋企业信用指数和微型海洋企业信用指数;按照企业性质可以分为海洋国有企业信用指数、海洋集体企业信用指数、海洋私营企业信用指数、海洋混合所有制企业信用指数和海洋外商独资企业信用指数等;按照地区划分得到各地区的信用海洋经济指数。具体情况如图5-3所示。

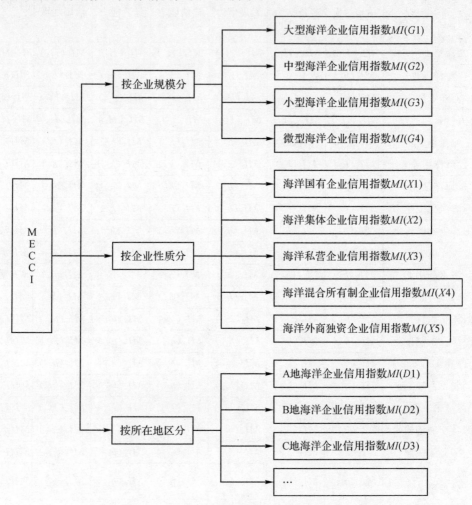

图 5-3 MECCI 的规模、性质和地区分类指数体系

三、MECCI 的指数测算模型介绍

（一）MECCI 编制的基本思路

编制 MECCI 的大致思路如图 5-4 所示。

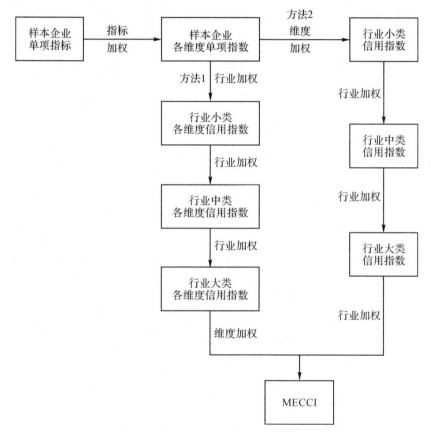

图 5-4　MECCI 编制流程

（二）MECCI 的模型

MECCI 的编制采用双向加权（指标权、行业权）。首先，将各样本企业的三级指标通过线性加权得到二级指标；然后将二级指标通过乘法加权得到一级指标，即样本企业各维度的单项指数，记为 $MI_{ij}(hk)$，表示当前的样本企业来自第 $hk(k=$

$1,2,\cdots,19$)行业第 $i(i=1,2,\cdots,n_{hk})$ 家企业的第 $j(j=1,2,\cdots6)$ 个维度。

在此基础上,MECCI 有 2 种编制方法:方法一,先行业加权后维度加权;方法二,先维度加权后行业加权。

下面分别对其编制过程进行介绍。

1. 先行业加权后维度加权法

其过程如图 5-5 所示中的方法一。

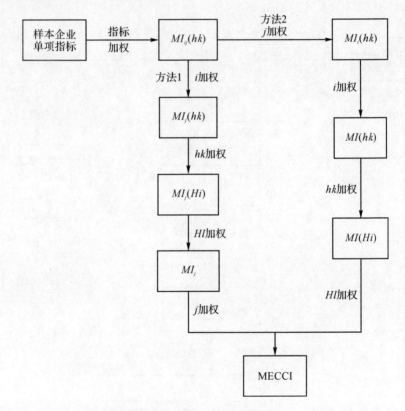

图 5-5　MECCI 公式合成过程

(1)得到行业小类各维度信用指数。

将来自第 hk 行业的 n_{hk} 家样本企业加权平均得到行业小类各维度信用指数,计算公式如下:

$$MI_j(hk) = \sum_i W^{MI_{ij}(hk)} MI_{ij}(hk), i = 1,2,\cdots,n_{hk} \tag{5-1}$$

式中,$MI_j(hk)$ 为第 hk 行业小类的第 j 个维度信用分类指数,$W^{MI_{ij}(hk)}$ 为样本企业各维度的单项指数 $MI_{ij}(hk)$ 的权重。

（2）得到行业中类各维度信用指数。

将 $Hl(l=1,2,3,$ 分别代表第一、第二和第三产业）行业中类下的 hk 个行业小类线性加权得到的行业中类各维度信用指数，计算公式如下：

$$MI_j(Hl) = \sum_{hk} W^{MI_j(hk)} \cdot MI_j(hk) \tag{5-2}$$

式中，$MI_j(Hl)$ 为第 Hl 行业中类的第 j 个维度信用指数，$W^{MI_j(hk)}$ 为 $MI_j(hk)$ 对应的权重系数。

（3）得到行业大类各维度信用指数。

将 3 大产业中类指数加权得到行业大类各维度信用指数，计算公式如下：

$$MI_j = \sum_l W^{MI_j(Hl)} \cdot MI_j(Hl), l=1,2,3 \tag{5-3}$$

式中，MI_j 为行业大类的第 j 个维度信用分类指数，$W^{MI_j(Hl)}$ 为 $MI_j(Hl)$ 对应的权重系数。

（4）得到 MECCI。

将行业大类各个维度进行维度加权合成，便得到了总指数，计算公式如下：

$$MECCI = \sum_j W^{MI_j} \cdot MI_j, j=1,2,\cdots,6 \tag{5-4}$$

式中，MECCI 即为总指数，W^{MI_j} 为 MI_j 对应的权重系数。

2. 先维度加权后行业加权法

（1）得到单个样本企业小类信用指数。

将 6 个信用维度的分类指数进行加权合成，得到单个样本企业小类信用指数，计算公式如下：

$$MI_i(hk) = \sum_j W^{MI_{ij}(hk)} \cdot MI_{ij}(hk), j=1,2,\cdots,6 \tag{5-5}$$

式中，$MI_i(hk)$ 为来自 hk 行业小类的第 i 家企业的信用指数。

（2）得到行业中类信用指数。

将 i 家企业线性加权得到 hk 行业中类信用指数，计算公式如下：

$$MI(hk) = \sum_i W^{MI_i(hk)} \cdot MI_i(hk), i=1,2,\cdots n_{hk} \tag{5-6}$$

式中，$MI(hk)$ 为 hk 行业中类信用指数。

（3）得到行业大类信用指数。

将 hk 行业中类指数线性加权得到 $Hl(l=1,2,3,$ 分别代表第一、第二和第三产业）行业大类信用指数，计算公式如下：

$$MI(Hl) = \sum_{hk} W^{MI(hk)} \cdot MI(hk) \tag{5-7}$$

式中，$MI(Hl)$ 为第 Hl 行业大类信用指数。

（4）得到行业大类信用指数。

将 Hl 行业大类信用指数线性加权得到总指数，计算公式如下：

$$MECCI = \sum_{Hl} W^{MI(Hl)} \cdot MI(Hl) \tag{5-8}$$

3. 其他分类指数的编制

（1）规模分类指数的编制思路与方法。

规模分类指数的编制同样有 2 种方式：方法一，先规模加权后维度加权；方法二，先维度加权后规模加权，如图 5-6 所示。

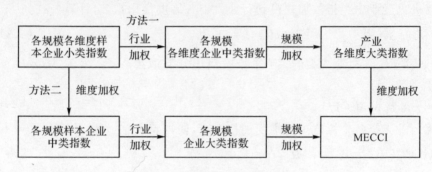

图 5-6　规模分类指数编制思路

方法一：

①得到各规模企业各维度中类指数。

在图 5-5 中样本企业各维度分类指数的基础上，将全部企业按照规模大小分为大型、中型、小型和微型，得到各规模各维度样本企业小类指数，然后按照各家企业在同一规模类型内的行业权，线性加权得到各规模各维度分类指数，公式如下：

$$MI_j(Gk) = \sum_i W^{MI_{ij}(Gk)} \cdot MI_{ij}(Gk) \tag{5-9}$$

式中，$MI_{ij}(Gk)$ 为来自 $Gk(k=1,2,3,4,$ 分别代表大型、中型、小型和微型）规模的 $i(i=1,2,\cdots,N_{Gk})$ 家企业第 $j(j=1,2,3,4,5,6)$ 个信用维度的小类指数，$W^{MI_{ij}(Gk)}$ 为其权重，$MI_j(Gk)$ 为来自 Gk 规模的各信用维度分类指数。

② 得到产业各维度大类指数。

通过对不同规模类型企业各维度小类指数，按照规模加权得到产业各维度中类指数，公式如下：

$$MI_j = \sum_{Gk} W^{MI_j(Gk)} \cdot MI_j(Gk) \tag{5-10}$$

③ 得到总指数。

通过对各维度的加权得到总指数，公式如下：

$$MI = \sum_j W^{MI_j} \cdot MI_j \tag{5-11}$$

方法二：

① 得到各规模样本企业中类指数。

通过维度加权得到各规模各企业信用指数，公式如下：

$$MI_i(Gk) = \sum_j W^{MI_{ij}(Gk)} \cdot MI_{ij}(Gk) \tag{5-12}$$

② 得到各规模企业大类指数。

通过各规模企业内部行业加权得到各规模企业大类指数，公式如下：

$$MI(Gk) = \sum_i W^{MI_i(Gk)} \cdot MI_i(Gk) \tag{5-13}$$

③ 得到总指数。

通过不同规模企业的规模加权得到总指数，公式如下：

$$MECCI = \sum_{G_k} W^{MI(Gk)} \cdot MI(Gk) \tag{5-14}$$

综上，可知基于规模分类的 MECCI 的总指数公式合成过程如图 5-7 所示。

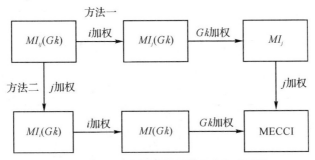

图 5-7　MECCI 规模分类指数公式合成过程

（2）企业性质分类指数的编制思路与方法。

企业性质分类指数的编制思路和方法类似于规模分类指数的编制。同样包括 2 种方法：方法一，先不同性质企业加权后维度加权；方法二，先维度加权后不同性质企业加权。编制思路如图 5-8 所示，因为测算过程与规模分类指数基本类似，此处不再赘述。

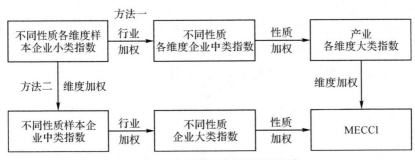

图 5-8　企业性质分类指数编制思路

（3）地区分类指数的编制思路与方法。

地区分类指数的编制思路和方法类似于规模分类指数的编制。同样包括 2 种方法：方法一，先地区加权后维度加权；方法二，先维度加权后地区加权。编制思路如图 5-9 所示，因为测算过程与规模分类指数基本类似，此处不再赘述。

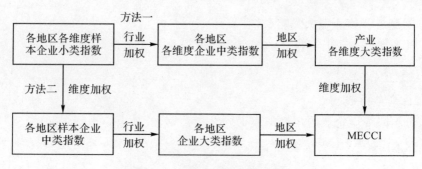

图 5-9 地区分类指数编制思路

四、MECCI 的指数分析方法介绍

MECCI 采用五色灯号系统进行指数分析。下面对其相关原理进行介绍。

（一）MECCI 五色灯号法的概念

灯号法是指数分析中广泛采用的一种方法。MECCI 五色灯号法借助交通管制的红、黄、绿信号灯的概念，直观、形象地揭示区域内海洋企业的信用状况，并通过计算信用综合评分，对整体信用现状进行评价。

（二）MECCI 五色灯号系统的原理说明

依据 MECCI 综合评价模型及等级划分原理，将判断区域根据综合评价得分由高到低区分为五级，用红、橙、黄、绿、蓝五色来分别表示"危险""警戒""关注""正常"和"安全"，具体划分标准如表 5-2 所示。区域划分临界值的设定依据 MECCI 综合评价等级划分原理，由于 MECCI 的综合评价得分值位于[0,100]，其采用国际通行的"五等十级制"划分，由此设定了不同级别的临界值。

表 5-2　MECCI 五色灯号区域划分标准及含义

颜　色	符　号	取值范围	含　义
红	●（红灯区）	0≤MECCI＜20	危险级
橙	◉（橙灯区）	20≤MECCI＜40	警戒级
黄	○（黄灯区）	40≤MECCI＜60	关注级
绿	◑（绿灯区）	60≤MECCI＜80	正常级
蓝	▦（蓝灯区）	80≤MECCI＜100	安全级

（三）MECCI 五色灯号分析工具

MECCI 五色灯号分析工具包括五色灯号分析表和五色灯号分析图 2 种。

1. 五色灯号分析表

MECCI 五色灯号分析表,如表 5-3 所示。包括综合指数分析和分类指数分析,五色灯号系统根据总指数和各分类指数在不同测算周期中实际测算的结果,判断其所处的区域范围,亮出不同颜色的灯号,以此直观形象地揭示当前的信用状态。

表 5-3　MECCI 五色灯号分析示意

分类指数和总指数		t 年	$t+1$ 年	$t+2$ 年	$t+3$ 年	…
MECCI 综合指数		▦	○	◑	◑	…
（一）按信用维度分	信用素质指数	▦	◉	▦	◑	…
	经济实力指数	○	○	◑	○	…
	偿债能力指数	●	●	◑	◑	…
	经营能力指数	○	○	▦	○	…
	发展潜力指数	▦	◑	▦	◑	…
	信用环境指数	○	◑	○	○	…
（二）按产业分	海洋一产信用指数	◑	○	▦	◑	…
	海洋二产信用指数	◑	▦	▦	◑	
	海洋三产信用指数	○	○	○	◑	
（三）按规模分	大型海洋企业信用指数	○	○	◑	◑	
	中型海洋企业信用指数	◉	◉	▦	○	
	小型海洋企业信用指数	●	●	◑	◑	
	微型海洋企业信用指数	◑	○	▦	◑	

续　表

分类指数和总指数		t 年	$t+1$ 年	$t+2$ 年	$t+3$ 年	…
（四）按企业性质分	海洋国有企业信用指数	◍	◍	◍	◍	…
	海洋集体企业信用指数	○	◍	○	◍	…
	海洋私营企业信用指数	●	●	◍	◍	…
	海洋混合所有制企业信用指数	◍	○	◍	◍	…
	海洋外商独资企业信用指数	◍	◍	◍	◍	…
（五）按地区分	A 地企业信用指数	◍	◍	◍	◍	…
	B 地企业信用指数	○	○	◍	◍	
	C 地企业信用指数	◍	◍	◍	◍	
	…地企业信用指数	◍	○	◍	◍	

2.五色灯号分析图

五色灯号分析图常见的有 2 种：一种是基于 MECCI 的综合指数和分类指数序列的走势图，其常用于对指数序列进行短期和长期的趋势预测，如图 5-10 所示的基于 MECCI 的综合指数序列走势图。

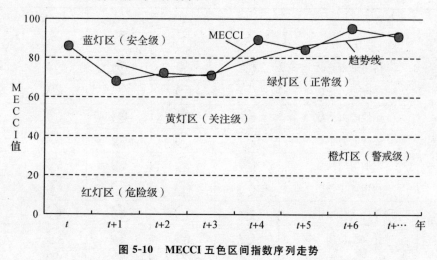

图 5-10　MECCI 五色区间指数序列走势

另一种是通过对 MECCI 的综合指数和分类指数序列计算环比（定基）指数，进行指数环比分析或定基分析，并对指数的波动性进行分析，如图 5-11 所示。

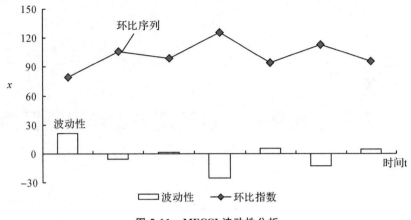

图 5-11　MECCI 波动性分析

（四）MECCI 分析方法

1.灯号分析

MECCI 灯号分析是根据 MECCI 总指数和各分类指数的最终测算结果,结合五色灯号区域划分准则,通过使用五色灯号分析表,直观给出总指数及各分类指数当前的信用等级信号,对区域信用海洋经济的现状做出最终判断。

2.趋势分析

MECCI 趋势分析是在总指数和各分类指数时序数列的基础上,通过使用基于时序数列的分析方法,结合 MECCI 时序数列走势图,对区域信用海洋经济的短期和长期走势进行外推,常用的趋势外推方法包括移动平均法、指数平滑法等。

3.波动性分析

MECCI 波动性分析是在总指数和各分类指数序列基础上,通过计算定基指数和环比指数,并计算指数序列的波动性指标,结合 MECCI 波动性分析图,对区域信用海洋经济的波动状况进行分析。

第六章
MECCI 实证研究——以浙江舟山群岛新区为例

一、编制舟山群岛新区信用海洋经济指数的背景和意义

选择以舟山群岛新区作为实证研究对象编制 MECCI，是由舟山在浙江省乃至全国海洋经济发展战略环境下的突出地位，以及其自身独特的区域位置和产业结构特征决定的。舟山是我国唯一的群岛型设区市，区位、资源、产业等综合优势明显，是浙江海洋经济发展的先导区和长三角地区海洋经济发展的重要增长极。加快舟山群岛开发开放，全力打造国际物流岛，建设海洋综合开发试验区，探索设立舟山群岛新区，对促进海洋经济发展、创新海岛开发模式具有特殊意义。2011 年 6 月 30 日，国务院正式批准设立浙江舟山群岛新区，其是继上海浦东新区、天津滨海新区和重庆两江新区后，党中央、国务院决定设立的又一个国家级新区，也是国务院批准的我国首个以海洋经济为主题的国家战略层面新区。

海洋产业是舟山的支柱性产业。2013 年，舟山全年海洋经济总产出 2 195 亿元，按可比价计算，比上年增长 12.1%；海洋经济增加值 644 亿元，比上年增长 10.0%。海洋经济增加值占全市 GDP 的比重为 69.1%，比上年提高 0.4 个百分点，是全国海洋经济比重最高的城区。"十二五"期间，其目标是海洋经济总产出超过 2 600 亿元，海洋经济增加值达到 860 亿元以上，占 GDP 比重达到 72%。可以说，舟山海洋产业的发展将关乎新区建设和浙江省建设海洋经济强省战略目标的成败。

市场经济是信用经济，企业信用是信用经济的重中之重。建设海洋经济强省、大力发展海洋产业离不开企业信用的作用。但是，有信用就会有信用风险，管理部门需要一种能够从宏观层面上及时掌握当地产业企业整体信用状况、客观反映企业信用生态的监管工具，以便科学管控信用风险，合理引导信贷资金走向，从而更

好地发挥信用在地方经济建设中的作用,编制和开发企业信用综合指数是一种合适的选择。

正是在这样的背景下,以新区海洋相关产业企业为信用主体,编制一个以"海洋经济"为主题的信用综合指数,用于反映新区主要海洋产业信用综合变动方向、变动程度和发展趋势,将有助于客观评价与反映新区建设进程中的企业信用状况和变动态势,为管理部门进行信用监管、分析评估新区企业信用风险、合理引导信贷资金走向提供科学量化依据。该指数是对区域社会信用建设的一种探索和创新,对区域信用生态将产生积极的正面引导作用。它可以满足管理部门在新区海洋经济建设中对当地信用生态监管的需要,可以成为反映新区产业企业核心竞争力的重要参考依据,同时,这也是新区信用海洋经济建设中取得的一项成果,是舟山群岛新区经济"软实力"的一大象征。

二、数据来源与指标预处理

(一)数据来源与样本分析

1.数据来源

本部分以浙江舟山群岛新区为实证对象编制 MECCI,时间范围从 2010 至 2013 年,实证数据主要由浙江省 2 家知名评级公司提供。目前,这 2 家公司在库企业累计超过 8 万余家,各类企业评级信息 1 000 多万余条,2010 至 2013 年间来自浙江舟山地区的评级企业累计超过 1 600 多家。在上述企业中采用"划类选典"的方式遴选出 1 293 家海洋产业相关样本企业,并对这些企业的评级数据信息进行重新整理和换算。

2.样本分析

从国民经济行业分类来看,1 293 家企业共涉及如下行业门类,分别为第一产业中的渔业(26 家);第二产业中的制造业(299 家),建筑业(152 家),电力、热力、燃气及水生产和供应业(78 家);第三产业中的交通运输、仓储和邮政业(269 家)、批发和零售业(231 家)、房地产业(104 家)、住宿和餐饮业(72 家)、非银行金融业(49 家)和其他服务业(13 家)。不同行业企业的平均人员规模、平均资产规模和平均营业收入如表 6-1 所示。

表 6-1　样本企业在国民经济三次产业中的分布情况

国民经济三次产业分类		企业数量（家）	平均人数（人）	平均资产（万元）	平均营业收入（万元）
第一产业	渔业	26	375	26 932.8	36 529.5
	小计	26	375	26 832.8	36 529.5
第二产业	制造业	299	494	95 725.4	57 851.6
	建筑业	152	410	54 429.5	25 554.3
	电力、热力、燃气及水生产和供应业	78	44	52 626.2	66 730.4
	小计	529	401	77 804.8	50 803.0
第三产业	交通运输、仓储和邮政业	269	110	51 059.1	19 905.6
	批发和零售业	231	24	15 845.8	29 944.5
	房地产业	104	32	72 322.6	21 625.1
	住宿和餐饮业	72	102	33 526.2	24 176.5
	非银行金融业	49	24	83 844.6	35 188.8
	其他服务业	13	19	9 048.8	14 529.5
	小计	738	63	42 759.8	24 620.8
总计		1 293	210	56 656.6	35 781.3

　　从舟山海洋产业分类来看，1 293 家企业来自海洋第一产业中的海洋渔业（26家）；海洋第二产业中的海洋工程建筑业（136 家）、海洋船舶工业（117 家）、海洋建筑与安装业（113 家）、涉海产品加工制造业（102 家）、海洋设备制造业（75 家）、海洋石油化工业（42 家）；海洋第三产业中的海洋交通运输业（224 家）、海洋批发与零售业（197 家）、涉海服务业（74 家）、滨海旅游业（61 家）、港口物流业（54 家）、海洋新兴产业（12 家）、其他海洋相关产业（60 家）。不同行业样本企业的平均人员规模、平均资产规模、平均营业收入如表 6-2 所示。

表 6-2　样本企业在海洋三次产业中的分布情况

海洋三次产业分类		企业数量（家）	平均人数（人）	平均资产（万元）	平均营业收入（万元）
海洋第一产业	海洋渔业	26	423	28 848.6	38 926.7
	小计	26	423	28 848.6	38 926.7
海洋第二产业	海洋工程建筑业	136	466	70 361.0	27 282.4
	海洋船舶工业	117	227.7	113 919.6	68 825.5
	海洋建筑与安装业	113	32	65 468.8	21 352.2
	涉海产品加工制造业	102	43	12 794.4	22 654.5
	海洋设备制造业	75	1 361	172 946.7	98 573.0
	海洋石油化工业	42	20	50 417.7	92 580.0
	小计	585	348	79 810.6	50 264.1
海洋第三产业	海洋交通运输业	224	104	41 726.3	14 741.8
	海洋批发与零售业	197	24	16 109.4	30 466.5
	涉海服务业	74	48	52 208.3	31 995.8
	滨海旅游业	61	105	34 724.8	25 802.7
	港口物流业	54	123	98 822.4	43 994.2
	海洋新兴产业	12	109	29 538.7	24 015.2
	其他海洋相关产业	60	118	27 083.6	17 878.0
	小计	682	77	37 856.0	24 514.1
总计		1 293	210	56 656.6	35 781.3

　　从年份上来看,1 293 家样本企业中,2010 年有 307 家样本企业,占比为 23.7％;2011 年 359 家,占比为 27.8％;2012 年 429 家,占比为 33.2％;2013 年 198 家占比 15.3％。从样本企业在不同年限上的分布来看,除个别年份的少数几个行业,基本上维持了前后样本数量的稳定。不同行业样本企业不同年份情况如表 6-3 所示。

表6-3 不同年份间样本企业分布情况

海洋三次产业分类		年份			
		2010	2011	2012	2013
海洋第一产业	海洋渔业	6	7	8	5
	小计	6	7	8	5
海洋第二产业	海洋工程建筑业	27	33	49	27
	海洋船舶工业	32	36	39	10
	海洋建筑与安装业	33	32	40	8
	海涉产品加工制造业	29	25	33	15
	海洋设备制造业	17	18	26	14
	海洋石油化工业	11	13	13	5
	小计	149	157	200	79
海洋第三产业	海洋交通运输业	59	62	67	36
	滨海旅游业	13	17	22	9
	港口物流业	13	17	19	5
	海洋批发与零售业	33	56	69	39
	涉海服务业	18	24	21	11
	海洋新兴产业	3	3	3	3
	其他海洋相关产业	13	16	20	11
	小计	152	195	221	114
总计		307	359	429	198

从规模上来看,大型企业81家,占比为6.3%;中型企业431家,占比为33.3%;小型企业653家,占比为50.5%;微型企业128家,占比为9.9%。大中型企业和小微型企业分别为512家和781家,占比分别为40%和60%。不同规模的样本企业分布情况如表6-4所示。

表 6-4　不同规模的样本企业分布情况

海洋三次产业分类		规模分类			
		大型企业	中型企业	小型企业	微型企业
海洋第一产业	海洋渔业	3	20	2	1
	小计	3	20	2	1
海洋第二产业	海洋工程建筑业	11	84	36	5
	海洋船舶工业	9	30	67	11
	海洋建筑与安装业	12	69	28	4
	涉海产品加工制造业	1	22	68	11
	海洋设备制造业	19	13	36	7
	海洋石油化工业	2	16	22	2
	小计	54	234	257	40
海洋第三产业	海洋交通运输业	5	41	146	32
	滨海旅游业	6	24	29	2
	港口物流业	4	13	27	10
	海洋批发与零售业	4	54	110	29
	涉海服务业	4	30	34	6
	海洋新兴产业	0	3	4	5
	其他海洋相关产业	1	12	44	3
	小计	24	177	394	87
总计		81	431	653	128

从地区来看,1 293 家样本企业中,定海区累计 740 家,占比为 57.2%;普陀区累计 421 家,占比为 32.6%;岱山区累计 100 家,占比为 7.7%;嵊泗县累计 32 家,占比为 2.5%。从地区分布情况来看,样本企业主要来自定海区和普陀区,岱山区和嵊泗县样本企业数相对较少,而这和舟山各大产业在地域空间上的不均匀分布是吻合的,符合当地的实际情况。不同行业不同地区样本企业分布情况如表 6-5 所示。

表 6-5　不同地区样本企业分布情况

海洋三次产业分类		地区分类			
		定海区	普陀区	岱山区	嵊泗县
海洋第一产业	海洋渔业	11	15	0	0
	小计	11	15	0	0
海洋二产	海洋工程建筑业	62	59	15	0
	海洋建筑与安装业	58	43	11	1
	涉海产品加工制造业	50	43	9	0
	海洋石油化工业	21	18	2	1
	海洋船舶工业	62	30	25	0
	海洋设备制造业	65	4	6	0
	小计	318	197	68	2
海洋三产	海洋交通运输业	112	87	11	14
	滨海旅游业	16	35	2	8
	港口物流业	42	9	0	3
	海洋批发与零售业	141	50	4	2
	涉海服务业	57	13	1	3
	海洋新兴产业	6	6	0	0
	其他海洋相关产业	37	9	14	0
	小计	411	209	32	30
总计		740	421	100	32

(二)指标预处理

产业信用能力评价指标的一致性转换和无量纲化方法同见第四章。囿于篇幅,此处不再赘述。

三、权重（指标权和行业权）的计算

（一）指标权重的确定

1. 一级指标权重的计算

产业信用能力由信用素质、经济实力、发展潜力、偿债能力、经营能力和外部信用环境 6 个一级指标构成，其权重的确定方法为群组 AHP 法（方法原理详见第四章相关内容）。为实现专家群组评价：首先，建立一个包含 20 位专家的专家库，这些专家来自政府部门（主要包括中国人民银行、金融办、发改委等部门）、金融机构、行业协会、专业评级机构和高校学术领域；其次，通过抽样方式，随机抽取库中的 5 位专家；然后通过向他们发放专家征询调查表，在此基础上，构造判断矩阵，并进行一致性检验；最后，计算得到一级指标的权重向量，其中权重计算在 Matlab7.0 软件中实现。

第一位专家：

$$A_1 = \begin{bmatrix} a_{11} & a_{12} & a_{13} & a_{14} & a_{15} & a_{16} \\ a_{21} & a_{22} & a_{23} & a_{24} & a_{25} & a_{26} \\ a_{31} & a_{32} & a_{33} & a_{34} & a_{35} & a_{36} \\ a_{41} & a_{42} & a_{43} & a_{44} & a_{45} & a_{46} \\ a_{51} & a_{52} & a_{53} & a_{54} & a_{55} & a_{56} \\ a_{61} & a_{62} & a_{63} & a_{64} & a_{65} & a_{66} \end{bmatrix} = \begin{bmatrix} 1.00 & 0.82 & 0.82 & 0.11 & 0.11 & 1.22 \\ 1.22 & 1.00 & 1.00 & 0.67 & 0.67 & 1.50 \\ 1.22 & 1.00 & 1.00 & 0.43 & 0.43 & 1.22 \\ 9.00 & 1.50 & 2.33 & 1.00 & 1.22 & 2.33 \\ 9.00 & 1.50 & 2.33 & 0.82 & 1.00 & 2.33 \\ 0.82 & 0.67 & 0.82 & 0.43 & 0.43 & 1.00 \end{bmatrix}$$

最大特征值 $\lambda_{\max} = 6.3906$，$CI = 0.0781$，$CR = 0.0620$，因此，其一致程度可以接受。据此计算得出的权重向量为：

$$W_1^M = \begin{bmatrix} 0.0700 & 0.1354 & 0.1090 & 0.3063 & 0.2878 & 0.0915 \end{bmatrix}^T$$

第二位专家：

$$A_2 = \begin{bmatrix} a_{11} & a_{12} & a_{13} & a_{14} & a_{15} & a_{16} \\ a_{21} & a_{22} & a_{23} & a_{24} & a_{25} & a_{26} \\ a_{31} & a_{32} & a_{33} & a_{34} & a_{35} & a_{36} \\ a_{41} & a_{42} & a_{43} & a_{44} & a_{45} & a_{46} \\ a_{51} & a_{52} & a_{53} & a_{54} & a_{55} & a_{56} \\ a_{61} & a_{62} & a_{63} & a_{64} & a_{65} & a_{66} \end{bmatrix} = \begin{bmatrix} 1.00 & 1.00 & 1.00 & 0.11 & 0.11 & 1.50 \\ 1.00 & 1.00 & 1.00 & 0.43 & 0.11 & 1.50 \\ 1.00 & 1.00 & 1.00 & 0.43 & 0.43 & 1.22 \\ 9.00 & 2.33 & 2.33 & 1.00 & 0.82 & 9.00 \\ 9.00 & 9.00 & 2.33 & 1.22 & 1.00 & 9.00 \\ 0.67 & 0.67 & 0.82 & 0.11 & 0.11 & 1.00 \end{bmatrix}$$

最大特征值 $\lambda_{\max} = 6.3650$，$CI = 0.0730$，$CR = 0.0579$，因此，其一致程度可以

接受。据此计算得出的权重向量为：

$$W_2^M = [0.059\ 1 \quad 0.074\ 9 \quad 0.093\ 6 \quad 0.312\ 7 \quad 0.413\ 7 \quad 0.045\ 9]^T$$

第三位专家：

$$A_3 = \begin{bmatrix} a_{11} & a_{12} & a_{13} & a_{14} & a_{15} & a_{16} \\ a_{21} & a_{22} & a_{23} & a_{24} & a_{25} & a_{26} \\ a_{31} & a_{32} & a_{33} & a_{34} & a_{35} & a_{36} \\ a_{41} & a_{42} & a_{43} & a_{44} & a_{45} & a_{46} \\ a_{51} & a_{52} & a_{53} & a_{54} & a_{55} & a_{56} \\ a_{61} & a_{62} & a_{63} & a_{64} & a_{65} & a_{66} \end{bmatrix} = \begin{bmatrix} 1.00 & 1.00 & 1.22 & 0.43 & 0.43 & 1.00 \\ 1.00 & 1.00 & 1.22 & 0.11 & 0.11 & 1.00 \\ 0.82 & 0.82 & 1.00 & 0.43 & 0.11 & 1.00 \\ 2.33 & 9.00 & 2.33 & 1.00 & 0.82 & 2.33 \\ 2.33 & 9.00 & 9.00 & 1.22 & 1.00 & 9.00 \\ 1.00 & 1.00 & 1.00 & 0.43 & 0.11 & 1.00 \end{bmatrix}$$

最大特征值 $\lambda_{max} = 6.396\ 7$，$CI = 0.079\ 3$，$CR = 0.063\ 0$，因此，其一致程度可以接受。据此计算得出的权重向量为：

$$W_3^M = [0.095\ 9 \quad 0.060\ 7 \quad 0.067\ 4 \quad 0.268\ 8 \quad 0.435\ 4 \quad 0.071\ 8]^T$$

第四位专家：

$$A_4 = \begin{bmatrix} a_{11} & a_{12} & a_{13} & a_{14} & a_{15} & a_{16} \\ a_{21} & a_{22} & a_{23} & a_{24} & a_{25} & a_{26} \\ a_{31} & a_{32} & a_{33} & a_{34} & a_{35} & a_{36} \\ a_{41} & a_{42} & a_{43} & a_{44} & a_{45} & a_{46} \\ a_{51} & a_{52} & a_{53} & a_{54} & a_{55} & a_{56} \\ a_{61} & a_{62} & a_{63} & a_{64} & a_{65} & a_{66} \end{bmatrix} = \begin{bmatrix} 1.00 & 0.82 & 0.82 & 0.11 & 0.43 & 0.82 \\ 1.22 & 1.00 & 1.22 & 0.43 & 0.43 & 1.00 \\ 1.22 & 0.82 & 1.00 & 0.11 & 0.43 & 0.82 \\ 9.00 & 2.33 & 9.00 & 1.00 & 1.22 & 2.33 \\ 2.33 & 2.33 & 2.33 & 0.82 & 1.00 & 2.33 \\ 1.22 & 1.00 & 1.22 & 0.43 & 0.43 & 1.00 \end{bmatrix}$$

最大特征值 $\lambda_{max} = 6.241\ 1$，$CI = 0.048\ 2$，$CR = 0.038\ 3$，因此，其一致程度可以接受。据此计算得出的权重向量为：

$$W_4^M = [0.072\ 9 \quad 0.107\ 7 \quad 0.077\ 8 \quad 0.407\ 4 \quad 0.226\ 6 \quad 0.107\ 7]^T$$

第五位专家：

$$A_5 = \begin{bmatrix} a_{11} & a_{12} & a_{13} & a_{14} & a_{15} & a_{16} \\ a_{21} & a_{22} & a_{23} & a_{24} & a_{25} & a_{26} \\ a_{31} & a_{32} & a_{33} & a_{34} & a_{35} & a_{36} \\ a_{41} & a_{42} & a_{43} & a_{44} & a_{45} & a_{46} \\ a_{51} & a_{52} & a_{53} & a_{54} & a_{55} & a_{56} \\ a_{61} & a_{62} & a_{63} & a_{64} & a_{65} & a_{66} \end{bmatrix} = \begin{bmatrix} 1.00 & 0.82 & 0.82 & 0.11 & 0.11 & 1.22 \\ 1.22 & 1.00 & 1.00 & 0.11 & 0.43 & 1.22 \\ 1.22 & 1.00 & 1.00 & 0.43 & 0.43 & 1.00 \\ 9.00 & 9.00 & 2.33 & 1.00 & 1.22 & 2.33 \\ 9.00 & 2.33 & 2.33 & 0.82 & 1.00 & 1.50 \\ 0.82 & 0.82 & 1.00 & 0.43 & 0.67 & 1.00 \end{bmatrix}$$

最大特征值 $\lambda_{max} = 6.489\ 2$，$CI = 0.097\ 8$，$CR = 0.077\ 7$，因此，其一致程度可以接受。据此计算得出的权重向量为：

$$W_5^M = [0.063\ 1 \quad 0.083\ 5 \quad 0.099\ 0 \quad 0.385\ 2 \quad 0.266\ 6 \quad 0.102\ 6]^T$$

在确定了每位专家的权重向量之后，接下去将上述 5 个权重向量计算加权算

术平均值,假定每位专家的重要性程度是一样的,即专家权重相同,由此可以得到最终确定的一级指标的权重向量为:

$$W^M = \begin{bmatrix} w_{M1} & w_{M2} & w_{M3} & w_{M4} & w_{M5} & w_{M6} \end{bmatrix}^T$$

$$= 0.20 \times W_1^M + 0.20 \times W_2^M + 0.20 \times W_3^M + 0.20 \times W_4^M + 0.20 \times W_5^M$$

$$= \begin{bmatrix} 0.072\ 2 & 0.092\ 4 & 0.089\ 4 & 0.336\ 1 & 0.326\ 0 & 0.083\ 9 \end{bmatrix}^T$$

即信用素质权重 $w_{M1} = 7.22\%$,经济实力权重 $w_{M2} = 9.24\%$,发展潜力权重 $w_{M3} = 8.94\%$,偿债能力权重 $w_{M4} = 33.61\%$,经营能力权重 $w_{M5} = 32.60\%$,外部信用环境权重 $w_{M6} = 8.39\%$。

2.二级指标权重的计算

对二级指标采用均方差确权法,方法原理详见第四章介绍,具体结果如表 6-6 所示。

表 6-6　基于均方差确权法的二级指标权重计算结果

一级指标	二级指标	均值	方差	标准差	二级指标权重
M1	M11	2.367 1	0.700 4	0.836 9	$w_{M11} = 0.421\ 3$
	M12	1.604 9	1.321 2	1.149 4	$w_{M12} = 0.578\ 7$
M2	M21	5.526 8	3.369 7	1.835 7	$w_{M21} = 0.728\ 3$
	M22	0.534 7	0.468 7	0.684 6	$w_{M22} = 0.271\ 7$
M3	M31	2.843 4	1.633 4	1.278 1	$w_{M31} = 0.514\ 4$
	M32	2.338 0	1.456 1	1.206 7	$w_{M32} = 0.485\ 6$
M4	M41	8.452 4	15.125 0	3.889 1	$w_{M41} = 0.514\ 2$
	M42	17.671 3	13.500 4	3.674 3	$w_{M42} = 0.485\ 8$
M5	M51	14.517 7	41.349 1	6.430 3	$w_{M51} = 0.652\ 4$
	M52	7.430 4	11.740 6	3.426 5	$w_{M52} = 0.347\ 6$
M6	M61	1.218 4	0.254 6	0.504 3	$w_{M61} = 0.323\ 9$
	M62	0.372 6	0.408 4	0.639 1	$w_{M62} = 0.410\ 5$
	M63	5.993 5	0.171 0	0.413 5	$w_{M63} = 0.265\ 6$

3.三级指标权重的确定

由于三级指标数量众多,采用群组 AHP 法构权并不容易实现,易出现误判,因此采用 G_1-法对群组 AHP 构权法加以改进,其构权原理可以参考第四章相关介绍。

(1)信用素质层三级指标权重系数的测算。

信用素质层由 2 个二级指标构成,分别为人员素质与信用记录和管理素质与信用记录,前者由管理层素质(记符号 $M111$)、管理层信用记录(记符号 $M112$)、员工素质(记符号 $M113$)3 个三级指标构成;后者由企业制度规范(记符号 $M121$)、成立年限(记符号 $M122$)、社会声誉(记符号 $M123$)、社会责任(记符号 $M124$)、资质等级(记符号 $M125$)和信用记录(记符号 $M126$)6 个三级指标构成。对上述两个方面分别采用 G_1-法确权,具体步骤如下:

第一,人员素质与信用记录层。

①确定三级指标的序关系。

$M111$,$M112$ 和 $M113$ 三者之间的序关系为:$M112 > M111 > M113$。

②给出指标间的相对重要程度,进行比较判断。

由 $w_{k-1}/w_k = r_k$ 可知,

$r_2^{M11} = w_{M112}/w_{M111} = 1.2$;

$r_3^{M11} = w_{M111}/w_{M113} = 1.2$;

那么,$r_2^{M11} \cdot r_3^{M11} = 1.44$,$r_3^{M11} = 1.2$;

因此,$r_2^{M11} \cdot r_3^{M11} + r_3^{M11} = 1.2 + 1.44 = 2.64$。

③权重向量的计算。

由 $w_m = \left(1 + \sum_{k=2}^{m} \prod_{i=k}^{m} r_i\right)^{-1}$ 可知,

$w_{M113} = (1 + 2.64)^{-1} = 0.274\ 7$

$w_{M111} = w_{M113} \cdot r_3^{M11} = 0.274\ 7 \times 1.2 = 0.329\ 6$;

$w_{M112} = w_{M111} \cdot r_2^{M11} = 0.329\ 6 \times 1.2 = 0.395\ 6$。

因此,人员素质层与信用记录三级指标的权重为:

$W^{M11} = \begin{bmatrix} w_{M111} & w_{M112} & w_{M113} \end{bmatrix}^T = \begin{bmatrix} 0.329\ 6 & 0.395\ 6 & 0.274\ 7 \end{bmatrix}^T$。

第二,管理素质与信用记录层。

①确定三级指标的序关系。

$M121$,$M122$,$M123$,$M124$,$M125$ 和 $M126$ 的序关系为:

$M125 > M126 > M124 > M122 > M121 > M123$。

②给出三级指标间的相对重要程度,进行比较判断。

由 $w_{k-1}/w_k = r_k$ 可知,

$r_2^{M12} = w_{M125}/w_{M126} = 1.0$;

$r_3^{M12} = w_{M126}/w_{M124} = 1.4$;

$r_4^{M12} = w_{M124}/w_{M122} = 1.2$;

$r_5^{M12} = w_{M122}/w_{M121} = 1.0$;

$r_6^{M12} = w_{M121}/w_{M123} = 1.2$;

那么，$r_2^{M12} \cdot r_3^{M12} \cdot r_4^{M12} \cdot r_5^{M12} \cdot r_6^{M12} = 2.016$，$r_3^{M12} \cdot r_4^{M12} \cdot r_5^{M12} \cdot r_6^{M12} = 2.016$，$r_4^{M12} \cdot r_5^{M12} \cdot r_6^{M12} = 1.44$，$r_5^{M12} \cdot r_6^{M12} = 1.20$，$r_6^{M12} = 1.20$。

由此可得，

$r_2^{M12} \cdot r_3^{M12} \cdot r_4^{M12} \cdot r_5^{M12} \cdot r_6^{M12} + r_3^{M12} \cdot r_4^{M12} \cdot r_5^{M12} \cdot r_6^{M12} + r_4^{M12} \cdot r_5^{M12} \cdot r_6^{M12} + r_5^{M12} \cdot r_6^{M12} + r_6^{M12} = 2.016 + 2.016 + 1.44 + 1.2 + 1.2 = 7.872$。

③权重向量的计算。

由 $w_m = (1 + \sum_{k=2}^{m} \prod_{i=k}^{m} r_i)^{-1}$ 可知，

$w_{M123} = (1 + 7.872)^{-1} = 0.112\,7$；

$w_{M121} = w_{M123} \cdot r_6^{M12} = 0.112\,7 \times 1.2 = 0.135\,2$；

$w_{M122} = w_{M121} \cdot r_5^{M12} = 0.135\,2 \times 1.0 = 0.135\,2$；

$w_{M124} = w_{M122} \cdot r_4^{M12} = 0.135\,2 \times 1.2 = 0.162\,2$；

$w_{M126} = w_{M124} \cdot r_3^{M12} = 0.162\,1 \times 1.4 = 0.227\,1$；

$w_{M125} = w_{M125} \cdot r_2^{M12} = 0.227\,1 \times 1.0 = 0.227\,1$。

因此，管理素质层与信用记录三级指标的权重为：

$$W^{M12} = [w_{M121} \quad w_{M122} \quad w_{M123} \quad w_{M124} \quad w_{M125} \quad w_{M126}]^T$$
$$= [0.135\,2 \quad 0.135\,2 \quad 0.112\,7 \quad 0.162\,2 \quad 0.227\,1 \quad 0.227\,1]^T。$$

(2)经济实力层三级指标权重系数的测算。

经济实力层由 2 个二级指标构成，分别为资金实力和社会影响力，前者由资产规模（记符号 $M211$）、资产净值（记符号 $M212$）、资本固定化比率（记符号 $M213$）和担保能力（记符号 $M214$）4 个三级指标构成；后者由品牌价值（记符号 $M221$）和行业地位（记符号 $M222$）2 个三级指标构成。对上述两个方面分别采用 G_1-法确权，具体步骤如下：

第一，资金实力层。

①确定三级指标的序关系。

$M211$，$M212$，$M213$ 和 $M214$ 的序关系为：$M212 > M213 > M214 > M211$。

②给出指标间的相对重要程度，进行比较判断。

由 $w_{k-1}/w_k = r_k$ 可知，

$r_2^{M21} = w_{M212}/w_{M213} = 1.0$；

$r_3^{M21} = w_{M213}/w_{M214} = 1.2$；

$r_4^{M21} = w_{M214}/w_{M211} = 1.2$；

那么，$r_2^{M21} \cdot r_3^{M21} \cdot r_4^{M21} = 1.44$，$r_3^{M21} \cdot r_4^{M21} = 1.44$，$r_4^{M21} = 1.2$。

由此可得，

$r_2^{M21} \cdot r_3^{M21} \cdot r_4^{M21} + r_3^{M21} \cdot r_4^{M21} + r_4^{M21} = 1.44 + 1.44 + 1.2 = 4.08$。

③权重向量的计算。

由 $w_m = (1 + \sum\limits_{k=2}^{m} \prod\limits_{i=k}^{m} r_i)^{-1}$ 可知,

$w_{M212} = (1 + 4.08)^{-1} = 0.1969$;

$w_{M213} = w_{M212} \cdot r_4^{M21} = 0.1969 \times 1.2 = 0.2363$;

$w_{M214} = w_{M213} \cdot r_3^{M21} = 0.2363 \times 1.2 = 0.2836$;

$w_{M211} = w_{M214} \cdot r_2^{M21} = 0.2836 \times 1.0 = 0.2836$。

因此,资金实力层三级指标的权重为:

$$W^{M21} = [w_{M211} \quad w_{M212} \quad w_{M213} \quad w_{M214}]^T$$
$$= [0.2836 \quad 0.1969 \quad 0.2363 \quad 0.2836]^T。$$

第二,社会影响力层。

①确定三级指标的序关系。

$M221$ 和 $M222$ 的序关系为:$M221 > M222$。

②给出指标间的相对重要程度进行比较判断。

由 $w_{k-1}/w_k = r_k$ 可知,

$r_2^{M22} = w_{M221}/w_{M222} = 1.2$。

③权重向量的计算。

由 $w_m = (1 + \sum\limits_{k=2}^{m} \prod\limits_{i=k}^{m} r_i)^{-1}$ 可知,

$w_{M222} = (1 + 1.2)^{-1} = 0.4545$;

$w_{M221} = w_{M222} \cdot r_2^{M22} = 0.4545 \times 1.2 = 0.5454$。

因此,社会影响力层三级指标的权重为:

$$W^{M22} = [w_{M221} \quad w_{M222}]^T = [0.5454 \quad 0.4545]^T。$$

(3)发展潜力层三级指标权重系数的测算。

发展潜力层由 2 个二级指标构成,分别为成长能力和成长环境,前者由 3 年资本平均积累率(记符号 $M311$)、3 年营业收入平均增长率(记符号 $M312$)和 3 年利润总额平均增长率(记符号 $M313$)3 个三级指标构成;后者由技术创新能力(记符号 $M321$)和市场竞争力(记符号 $M322$)2 个三级指标构成。对上述两个方面分别采用 G_1-法确权,具体步骤如下:

第一,成长能力层。

①确定三级指标的序关系。

$M311,M312$ 和 $M313$ 三者之间的序关系为:$M313 > M312 > M311$。

②给出指标间的相对重要程度,进行比较判断。

由 $w_{k-1}/w_k = r_k$ 可知,

$r_2^{M31}=w_{M313}/w_{M312}=1.2$；

$r_3^{M31}=w_{M312}/w_{M311}=1.0$；

那么，$r_2^{M31}\cdot r_3^{M31}=1.2$，$r_3^{M31}=1.0$。

由此可得，

$r_2^{M31}\cdot r_3^{M31}+r_3^{M31}=2.2$。

③权重向量的计算。

由 $w_m=(1+\sum_{k=2}^{m}\prod_{i=k}^{m}r_i)^{-1}$ 可知，

$w_{M311}=(1+2.2)^{-1}=0.3125$；

$w_{M312}=w_{M311}\cdot r_3^{M31}=0.3125\times1.0=0.3125$；

$w_{M313}=w_{M312}\cdot r_2^{M31}=0.3125\times1.2=0.3750$。

因此，成长能力层三级指标的权重为：

$W^{M31}=[w_{M311}\quad w_{M312}\quad w_{M313}]^T=[0.3125\quad 0.3125\quad 0.3750]^T$。

第二，成长环境层。

①确定三级指标的序关系。

$M321$ 和 $M322$ 的序关系为：$M322>M321$。

②给出指标间的相对重要程度，进行比较判断。

由 $w_{k-1}/w_k=r_k$ 可知，

$r_2^{M32}=w_{M322}/w_{M321}=1.2$。

③权重向量的计算。

由 $w_m=(1+\sum_{k=2}^{m}\prod_{i=k}^{m}r_i)^{-1}$ 可知，

$w_{M321}=(1+1.2)^{-1}=0.4545$；

$w_{M322}=w_{M322}\cdot r_2^{M32}=0.4545\times1.2=0.5454$。

因此，成长环境层三级指标的权重为：

$W^{M32}=[w_{M321}\quad w_{M322}]^T=[0.4545\quad 0.5454]^T$。

(4)偿债能力层三级指标权重系数的测算。

偿债能力层由 2 个二级指标构成，分别为短期偿债能力和长期偿债能力，前者由流动比率（记符号 $M411$）、速动比率（记符号 $M412$）和现金流动负债率（记符号 $M413$）3 个三级指标构成；后者由资产负债率（记符号 $M421$）、利息保障倍数（记符号 $M422$）、净资产负债率（记符号 $M423$）、欠息率（记符号 $M424$）、或有负债率（记符号 $M425$）、贷款逾期率（记符号 $M426$）和现金债务覆盖率（记符号 $M427$）7 个三级指标构成。对上述两个方面分别采用 G_1-法确权，具体步骤如下：

第一，短期偿债能力层。

①确定三级指标的序关系。

$M411$，$M412$ 和 $M413$ 三者之间的序关系为：$M413>M412>M411$。

②给出指标间的相对重要程度进行比较判断。

由 $w_{k-1}/w_k=r_k$ 可知，

$r_2^{M41}=w_{M413}/w_{M412}=1.2$；

$r_3^{M41}=w_{M412}/w_{M411}=1.0$。

那么，$r_2^{M41} \cdot r_3^{M41}=1.2,r_3^{M41}=1.0$。

由此可得，

$r_2^{M41} \cdot r_3^{M41}+r_3^{M41}=2.2$。

③权重向量的计算。

由 $w_m=(1+\sum\limits_{k=2}^{m}\prod\limits_{i=k}^{m}r_i)^{-1}$ 可知，

$w_{M411}=(1+2.2)^{-1}=0.3125$；

$w_{M412}=w_{M411} \cdot r_3^{M41}=0.3125\times1.0=0.3125$；

$w_{M413}=w_{M412} \cdot r_2^{M41}=0.3125\times1.2=0.3750$。

因此，短期偿债能力层三级指标的权重为：

$W^{M41}=[w_{M411} \quad w_{M412} \quad w_{M413}]^T=[0.3125 \quad 0.3125 \quad 0.3750]^T$。

第二，长期偿债能力层。

①确定三级指标的序关系。

$M421$，$M422$，$M423$，$M424$，$M425$，$M426$ 和 $M427$ 的序关系为：

$M421>M426>M422>M423>M425>M427>M424$。

②给出指标间的相对重要程度，进行比较判断。

由 $w_{k-1}/w_k=r_k$ 可知，

$r_2^{M42}=w_{M421}/w_{M426}=1.0$；

$r_3^{M42}=w_{M426}/w_{M422}=1.2$；

$r_4^{M42}=w_{M422}/w_{M423}=1.0$；

$r_5^{M42}=w_{M423}/w_{M425}=1.2$；

$r_6^{M42}=w_{M425}/w_{M427}=1.2$；

$r_7^{M42}=w_{M427}/w_{M424}=1.0$。

那么，$r_2^{M42} \cdot r_3^{M42} \cdot r_4^{M42} \cdot r_5^{M42} \cdot r_6^{M42} \cdot r_7^{M42}=1.728$，

$r_3^{M42} \cdot r_4^{M42} \cdot r_5^{M42} \cdot r_6^{M42} \cdot r_7^{M42}=1.728,r_4^{M42} \cdot r_5^{M42} \cdot r_6^{M42} \cdot r_7^{M42}=1.44$，

$r_5^{M42} \cdot r_6^{M42} \cdot r_7^{M42}=1.44,r_6^{M42} \cdot r_7^{M42}=1.2,r_7^{M42}=1.0$。

由此可得，

$r_2^{M42} \cdot r_3^{M42} \cdot r_4^{M42} \cdot r_5^{M42} \cdot r_6^{M42} \cdot r_7^{M42}+r_3^{M42} \cdot r_4^{M42} \cdot r_5^{M42} \cdot r_6^{M42} \cdot r_7^{M42}+r_4^{M42} \cdot r_5^{M42}$

$\cdot\, r_6^{M42} \cdot r_7^{M42} + r_5^{M42} \cdot r_6^{M42} \cdot r_7^{M42} + r_6^{M42} \cdot r_7^{M42} + r_7^{M42}$

$=1.728+1.728+1.44+1.44+1.2+1.0=8.536$。

③权重向量的计算。

由 $w_m = (1 + \sum\limits_{k=2}^{m} \prod\limits_{i=k}^{m} r_i)^{-1}$ 可知，

$w_{M424} = (1+8.536)^{-1} = 0.104\,9$；

$w_{M427} = w_{M424} \cdot r_7^{M42} = 0.104\,9 \times 1.0 = 0.104\,9$；

$w_{M425} = w_{M427} \cdot r_6^{M42} = 0.104\,9 \times 1.2 = 0.125\,9$；

$w_{M423} = w_{M425} \cdot r_5^{M42} = 0.125\,9 \times 1.2 = 0.151\,1$；

$w_{M422} = w_{M423} \cdot r_4^{M42} = 0.151\,1 \times 1.0 = 0.151\,1$；

$w_{M426} = w_{M422} \cdot r_3^{M42} = 0.151\,1 \times 1.2 = 0.181\,3$；

$w_{M421} = w_{M426} \cdot r_2^{M42} = 0.181\,3 \times 1.0 = 0.181\,3$。

因此，长期偿债能力层三级指标的权重为：

$W^{M42} = [\,w_{M421} \quad w_{M422} \quad w_{M423} \quad w_{M424} \quad w_{M425} \quad w_{M426} \quad w_{M427}\,]^T$

$= [0.181\,3 \quad 0.151\,1 \quad 0.151\,1 \quad 0.104\,9 \quad 0.125\,9 \quad 0.181\,3 \quad 0.104\,9]^T$。

(5)经营能力层三级指标权重系数的测算。

经营能力层由 2 个二级指标构成，分别为盈利能力和营运能力，前者由营业收入利润率(记符号 $M511$)、盈余现金保障倍数(记符号 $M512$)、营业收入现金率(记符号 $M513$)、成本费用净利润率(记符号 $M514$)、净资产收益率(记符号 $M515$)和总资产报酬率(记符号 $M516$)6 个三级指标构成；后者由总资产周转率(记符号 $M521$)、应收账款周转率(记符号 $M522$)、流动资产周转率(记符号 $M523$)、存货周转率(记符号 $M524$)和固定资产周转率(记符号 $M525$)5 个三级指标构成。对上述 2 个方面分别采用 G_1-法确权，具体步骤如下：

第一，盈利能力层。

①确定三级指标的序关系。

$M511, M512, M513, M514, M515$ 和 $M516$ 的序关系为：

$M511 > M516 > M513 > M512 > M515 > M514$。

②给出指标间的相对重要程度进行比较判断。

由 $w_{k-1}/w_k = r_k$ 可知，

$r_2^{M51} = w_{M511}/w_{M516} = 1.2$；

$r_3^{M51} = w_{M516}/w_{M513} = 1.0$；

$r_4^{M51} = w_{M513}/w_{M512} = 1.2$；

$r_5^{M51} = w_{M512}/w_{M515} = 1.2$；

$r_6^{M51} = w_{M515}/w_{M514} = 1.2$。

那么，$r_2^{M51} \cdot r_3^{M51} \cdot r_4^{M51} \cdot r_5^{M51} \cdot r_6^{M51} = 2.0736$，$r_3^{M51} \cdot r_4^{M51} \cdot r_5^{M51} \cdot r_6^{M51} = 1.728$，$r_4^{M51} \cdot r_5^{M51} \cdot r_6^{M51} = 1.728$，$r_5^{M51} \cdot r_6^{M51} = 1.44$，$r_6^{M51} = 1.2$。

由此可得，

$$r_2^{M51} \cdot r_3^{M51} \cdot r_4^{M51} \cdot r_5^{M51} \cdot r_6^{M51} + r_3^{M51} \cdot r_4^{M51} \cdot r_5^{M51} \cdot r_6^{M51} + r_4^{M51} \cdot r_5^{M51} \cdot r_6^{M51} + r_5^{M51} \cdot r_6^{M51} + r_6^{M51} = 8.1696。$$

③权重向量的计算。

由 $w_m = \left(1 + \sum_{k=2}^{m} \prod_{i=k}^{m} r_i\right)^{-1}$ 可知，

$w_{M514} = (1 + 8.1696)^{-1} = 0.1091$；

$w_{M515} = w_{M514} \cdot r_6^{M51} = 0.1091 \times 1.2 = 0.1309$；

$w_{M512} = w_{M515} \cdot r_5^{M51} = 0.1309 \times 1.2 = 0.1571$；

$w_{M513} = w_{M512} \cdot r_4^{M51} = 0.1571 \times 1.2 = 0.1885$；

$w_{M516} = w_{M513} \cdot r_3^{M51} = 0.1885 \times 1.0 = 0.1885$；

$w_{M511} = w_{M516} \cdot r_2^{M51} = 0.1885 \times 1.2 = 0.2262$。

因此，盈利能力层三级指标的权重为：

$$W^{M51} = \begin{bmatrix} w_{M511} & w_{M512} & w_{M513} & w_{M514} & w_{M515} & w_{M516} \end{bmatrix}^T$$
$$= \begin{bmatrix} 0.2262 & 0.1571 & 0.1885 & 0.1091 & 0.1309 & 0.1885 \end{bmatrix}^T$$

第二，营运能力层。

①确定三级指标的序关系。

$M521, M522, M523, M524$ 和 $M525$ 的序关系为：

$M521 > M522 > M523 > M524 > M525$。

②给出指标间的相对重要程度，进行比较判断。

由 $w_{k-1} / w_k = r_k$ 可知，

$r_2^{M52} = w_{M521} / w_{M522} = 1.2$；

$r_3^{M52} = w_{M522} / w_{M523} = 1.2$；

$r_4^{M52} = w_{M523} / w_{M524} = 1.0$；

$r_5^{M52} = w_{M524} / w_{M525} = 1.0$。

那么，$r_2^{M52} \cdot r_3^{M52} \cdot r_4^{M52} \cdot r_5^{M52} = 1.44$，$r_3^{M52} \cdot r_4^{M52} \cdot r_5^{M52} = 1.2$，$r_4^{M52} \cdot r_5^{M52} = 1.0$，$r_5^{M52} = 1.0$。

由此可得，

$$r_2^{M52} \cdot r_3^{M52} \cdot r_4^{M52} \cdot r_5^{M52} + r_3^{M52} \cdot r_4^{M52} \cdot r_5^{M52} + r_4^{M52} \cdot r_5^{M52} + r_5^{M52} = 4.64。$$

③权重向量的计算。

由 $w_m = \left(1 + \sum_{k=2}^{m} \prod_{i=k}^{m} r_i\right)^{-1}$ 可知，

$w_{M525} = (1+4.64)^{-1} = 0.1773$;

$w_{M524} = w_{M525} \cdot r_5^{M52} = 0.1773 \times 1.0 = 0.1773$;

$w_{M523} = w_{M524} \cdot r_4^{M52} = 0.1773 \times 1.0 = 0.1773$;

$w_{M522} = w_{M523} \cdot r_3^{M52} = 0.1773 \times 1.2 = 0.2128$;

$w_{M521} = w_{M522} \cdot r_2^{M52} = 0.2128 \times 1.2 = 0.2554$。

因此,营运能力层三级指标的权重为:

$$W^{M52} = \begin{bmatrix} w_{M521} & w_{M522} & w_{M523} & w_{M524} & w_{M525} \end{bmatrix}^T$$
$$= \begin{bmatrix} 0.2554 & 0.2128 & 0.1773 & 0.1773 & 0.1773 \end{bmatrix}^T。$$

(6)外部信用环境层三级指标权重系数的测算。

外部信用环境层由 3 个二级指标构成,分别为海洋政策法制环境、海洋经济环境和金融信贷环境。海洋政策法制环境层由国家政策对海洋相关产业扶持力度(记符号 $M611$)、国家对信用建设的重视程度(记符号 $M612$)、地方对信用违法和企业失信的处罚力度(记符号 $M613$)3 个三级指标构成;海洋经济环境层由区域海洋经济景气程度($M621$)和企业家信心程度($M622$)2 个三级指标构成;金融信贷环境层由金融信贷难易度($M631$)和金融信贷成本($M632$)2 个三级指标构成。对上述 3 个方面分别采用 G_1-法确权,具体步骤如下:

第一,海洋政策法制环境层。

①确定三级指标的序关系。

$M611$,$M612$ 和 $M613$ 三者之间的序关系如下:$M611 > M612 > M613$。

②给出指标间的相对重要程度,进行比较判断。

由 $w_{k-1}/w_k = r_k$ 可知,

$r_2^{M61} = w_{M611}/w_{M612} = 1.4$;

$r_3^{M61} = w_{M612}/w_{M613} = 1.2$。

那么,$r_2^{M61} \cdot r_3^{M61} = 1.68$,$r_3^{M61} = 1.2$。

因此,$r_2^{M61} \cdot r_3^{M61} + r_3^{M61} = 1.68 + 1.2 = 2.88$。

③权重向量的计算。

由 $w_m = (1 + \sum_{k=2}^{m} \prod_{i=k}^{m} r_i)^{-1}$ 可知,

$w_{M613} = (1+2.88)^{-1} = 0.2577$;

$w_{M612} = w_{M613} \cdot r_3^{M61} = 0.2577 \times 1.2 = 0.3092$;

$w_{M611} = w_{M612} \cdot r_2^{M61} = 0.3092 \times 1.4 = 0.4329$。

因此,海洋政策法制环境层三级指标的权重为:

$$W^{M61} = \begin{bmatrix} w_{M611} & w_{M612} & w_{M613} \end{bmatrix}^T = \begin{bmatrix} 0.4329 & 0.3092 & 0.2577 \end{bmatrix}^T。$$

第二,海洋经济环境层。

①确定三级指标的序关系。

M621 和 M622 两者之间的序关系为：M621＞M622。

②给出指标间的相对重要程度进行比较判断。

由 $w_{k-1}/w_k=r_k$ 可知，

$r_2^{M62}=w_{M621}/w_{M622}=1.0$。

③权重向量的计算。

由 $w_m=(1+\sum\limits_{k=2}^{m}\prod\limits_{i=k}^{m}r_i)^{-1}$ 可知，

$w_{M622}=(1+1)^{-1}=0.500\ 0$；

$w_{M621}=w_{M622}\cdot r_2^{M62}=0.500\ 0\times1.0=0.500\ 0$。

因此，海洋经济环境层三级指标的权重为：

$W^{M62}=[w_{M621}\quad w_{M622}]^T=[0.500\ 0\quad 0.500\ 0]^T$。

第三，金融信贷环境层。

①确定三级指标的序关系。

M631 和 M632 两者之间的序关系如下：M631＞M632。

②给出指标间的相对重要程度，进行比较判断。

由 $w_{k-1}/w_k=r_k$ 可知，

$r_2^{M63}=w_{M631}/w_{M632}=1.0$。

③权重向量的计算。

由 $w_m=(1+\sum\limits_{k=2}^{m}\prod\limits_{i=k}^{m}r_i)^{-1}$ 可知，

$w_{M632}=(1+1)^{-1}=0.500\ 0$；

$w_{M631}=w_{M632}\cdot r_2^{M63}=0.500\ 0\times1.0=0.500\ 0$。

因此，金融信贷环境层三级指标的权重为：

$W^{M63}=[w_{M631}\quad w_{M632}]^T=[0.500\ 0\quad 0.500\ 0]^T$。

4.各级指标权重系数分配结果

根据上述指标权重系数计算结果，最终可以得到如表 6-7 所示的各级指标权重系数分配结果。

表 6-7　各级指标权重系数分配结果

一级指标	一级权重	二级指标	二级权重	三级指标	三级权重
信用素质与信用记录	0.072 2	人员素质与信用记录	0.421 3	管理层素质	0.329 6
				管理层信用记录	0.395 6
				员工素质	0.274 7
		管理素质与信用记录	0.578 7	制度规范	0.135 2
				成立年限	0.135 2
				社会声誉	0.112 7
				社会责任	0.162 2
				资质等级	0.227 1
				信用记录	0.227 1
经济实力	0.092 4	资金实力	0.728 3	资产规模	0.283 6
				资产净值	0.196 9
				资本固定化比率	0.236 3
				担保能力	0.283 6
		社会影响力	0.271 7	品牌价值	0.545 4
				行业地位	0.454 5
发展潜力	0.089 4	成长能力	0.514 4	3 年资本平均积累率	0.312 5
				3 年营业收入平均增长率	0.312 5
				3 年利润总额平均增长率	0.375 0
		成长环境	0.485 6	技术创新能力	0.454 5
				市场竞争力	0.545 4

续　表

一级指标	一级权重	二级指标	二级权重	三级指标	三级权重
偿债能力	0.336 1	短期偿债能力	0.514 2	流动比率	0.312 5
				速动比率	0.312 5
				现金流动负债率	0.375 0
		长期偿债能力	0.485 8	资产负债率	0.181 3
				利息保障倍数	0.151 1
				净资产负债率	0.151 1
				欠息率	0.104 9
				或有负债率	0.125 9
				贷款逾期率	0.181 3
				现金债务覆盖率	0.104 9
经营能力	0.326 0	盈利能力	0.652 4	营业收入利润率	0.226 2
				盈余现金保障倍数	0.157 1
				营业收入现金率	0.188 5
				成本费用净利润率	0.109 1
				净资产收益率	0.130 9
				总资产报酬率	0.188 5
		营运能力	0.347 6	总资产周转率	0.255 4
				应收账款周转率	0.212 8
				流动资产周转率	0.177 3
				存货周转率	0.177 3
				固定资产周转率	0.177 3
信用环境	0.083 9	海洋政策法制环境	0.323 9	国家政策对海洋相关产业扶持力度	0.432 9
				国家对信用建设的重视程度	0.309 2
				地方对信用违法和企业失信的处罚力度	0.257 7
		海洋经济环境	0.410 5	区域海洋经济景气程度	0.500 0
				企业家信心程度	0.500 0
		金融信贷环境	0.265 6	金融信贷获取难易度	0.500 0
				金融信贷成本	0.500 0

(二)行业权重的计算

由于当前舟山地区海洋产业相关统计资料尚未对外公布,因此只能采用估算方法得到各产业的权重。具体的思路为:先确定基期各行业的权重,其通过当年样本企业年营业总收入的行业占比和专家主观赋权两者加权得出;接下去每年的行业权重按照移动加权公式得出。具体计算介绍如下。

1.基期行业权重的计算

以2010年为基期,则基期舟山海洋产业权重的计算结果如表6-8所示。

表6-8 基期(2010年)舟山海洋产业权重

海洋三次产业分类		营业收入(万元)	占比(%)$W_{t=2010}^H(1)$	专家赋权$W_{t=2010}^H(2)$	最终权重 $W_{t=2010}^H=0.6\times W_{t=2010}^H(1)+0.4\times W_{t=2010}^H(2)$
海洋第一产业	海洋渔业	950 900.5	8.70	10.00	9.22
	小计	950 900.5	8.70	10.00	9.22
海洋第二产业	海洋工程建筑业	803 059.2	7.34	7.00	7.20
	海洋船舶工业	2 378 994.8	21.76	23.00	22.26
	海洋建筑与安装业	736 665.8	6.74	4.00	5.64
	涉海产品加工制造业	522 082.1	4.78	6.00	5.27
	海洋设备制造业	1 397 462.5	12.78	10.00	11.67
	海洋石油化工业	630 293	5.76	8.00	6.66
	小计	6 468 557.4	59.16	58.00	58.70
海洋第三产业	海洋交通运输业	1 336 665.8	12.23	7.00	10.14
	海洋批发与零售业	877 355.0	8.03	10.00	8.82
	涉海服务业	383 498.3	3.51	4.00	3.70
	滨海旅游业	338 924.2	3.10	4.00	3.46
	港口物流业	358 190.9	3.28	4.50	3.77
	海洋新兴产业	31 795.5	0.29	0.50	0.37
	其他海洋相关产业	185 860.2	1.70	2.00	1.82
	小计	3 512 289.9	32.14	32.00	32.08
总计		10 931 747.8	100.00	100.00	100.00

从估算结果来看,舟山海洋经济三次产业结构比例关系与舟山群岛新区统计信息网2011年发布的《舟山海洋经济发展调查报告》提供的三者13.3∶54.8∶31.9的

统计结果也大致吻合。这也表明,采用上述估算方法得到的行业权重系数符合舟山海洋经济的实际情况,是一种行之有效的方法。

2. 测算周期内各年行业权重的计算

2011 年至 2013 年各行业权重计算结果如表 6-9 至表 6-11 所示。

(1)2011 年行业权重计算结果。

表 6-9　2011 年舟山海洋产业权重

海洋三次产业分类		营业收入 (万元)	占比(%) $W_{t=2011}^{H}$(1)	上一年权重 $W_{t=2010}^{H}$	当年权重 $W_{t=2011}^{H}=0.5\times$ $W_{t=2011}^{H}(1)+0.5\times W_{t=2010}^{H}$
海洋第一产业	海洋渔业	1 214 220.7	7.46	9.22	8.34
	小计	1 214 220.7	7.46	9.22	8.34
海洋第二产业	海洋工程建筑业	1 122 398.3	6.89	7.20	7.04
	海洋船舶工业	3 563 772.1	21.89	22.26	22.08
	海洋建筑与安装业	928 887.8	5.71	5.64	5.67
	涉海产品加工制造业	643 476.3	3.95	5.27	4.61
	海洋设备制造业	2 246 006.0	13.80	11.67	12.74
	海洋石油化工业	1 117 334.1	6.86	6.66	6.76
	小计	9 621 874.6	59.10	58.70	58.90
海洋第三产业	海洋交通运输业	1 511 243.7	9.28	10.14	9.71
	海洋批发与零售业	1 628 126.1	10.00	8.82	9.41
	涉海服务业	731 774.1	4.50	3.70	4.10
	滨海旅游业	449 116.4	2.76	3.46	3.11
	港口物流业	641 143.4	3.94	3.77	3.86
	海洋新兴产业	117 735.2	0.72	0.37	0.54
	其他海洋相关产业	364 929.0	2.24	1.82	2.03
	小计	5 444 067.9	33.44	32.08	32.76
总计		16 280 163.2	100.00	100.00	100.00

(2)2012 年行业权重计算结果。

表 6-10　2012 年舟山海洋产业权重

海洋三次产业分类		营业收入（万元）	占比（%）$W_{t=2012}^{H}(1)$	上一年权重 $W_{t=2011}^{H}$	当年权重 $W_{t=2012}^{H}=0.5 \times W_{t=2012}^{H}(1)+0.5 \times W_{t=2011}^{H}$
海洋第一产业	海洋渔业	1 446 981.7	7.32	8.34	7.83
	小计	1 446 981.7	7.32	8.34	7.83
海洋第二产业	海洋工程建筑业	1 789 211.0	9.05	7.04	8.04
	海洋船舶工业	3 773 860.0	19.09	22.08	20.59
	海洋建筑与安装业	1 075 253.0	5.44	5.67	5.55
	涉海产品加工制造业	910 986.6	4.61	4.61	4.61
	海洋设备制造业	2 470 742.0	12.49	12.74	12.62
	海洋石油化工业	1 436 767.0	7.26	6.76	7.01
	小计	11 456 819.6	57.94	58.90	58.42
海洋第三产业	海洋交通运输业	1 218 216.0	6.16	9.71	7.94
	海洋批发与零售业	2 346 628.0	11.87	9.41	10.64
	涉海服务业	826 931.7	4.18	4.10	4.14
	滨海旅游业	714 288.5	3.61	3.11	3.36
	港口物流业	1 259 269.0	6.37	3.86	5.11
	海洋新兴产业	102 977.5	0.52	0.54	0.53
	其他海洋相关产业	400 948.9	2.03	2.03	2.03
	小计	6 869 259.6	34.74	32.76	33.75
总计		19 773 060.9	100.00	100.00	100.00

(3)2013 年行业权重计算结果。

表 6-11　2013 年舟山海洋产业权重

海洋三次产业分类		营业收入（万元）	占比（%）$W_{t=2013}^{H}(1)$	上一年权重 $W_{t=2012}^{H}$	当年权重 $W_{t=2013}^{H}=0.5 \times W_{t=2013}^{H}(1)+0.5 \times W_{t=2012}^{H}$
海洋第一产业	海洋渔业	650 141.0	8.01	7.83	7.92
	小计	650 141.0	8.01	7.83	7.92

海洋三次产业分类		营业收入 （万元）	占比（%） $W_{t=2011}^H(1)$	上一年权重 $W_{t=2010}^H$	当年权重 $W_{t=2011}^H=0.5\times$ $W_{t=2011}^H(1)+0.5\times W_{t=2010}^H$
海洋 第二 产业	海洋工程建筑业	514 107.3	6.33	8.04	7.18
	海洋船舶工业	1 749 780.7	21.56	20.59	21.08
	海洋建筑与安装业	266 545.8	3.28	5.55	4.41
	涉海产品加工制造业	534 210.8	6.58	4.61	5.60
	海洋设备制造业	896 402.3	11.04	12.62	11.83
	海洋石油化工业	729 156.2	8.98	7.01	8.00
	小计	4 690 203.1	57.77	58.42	58.10
海洋 第三 产业	海洋交通运输业	393 381.1	4.85	7.94	6.40
	海洋批发与零售业	1 093 114.0	13.46	10.64	12.05
	涉海服务业	481 441.1	5.93	4.14	5.03
	滨海旅游业	106 083.5	1.31	3.36	2.34
	港口物流业	442 650.9	5.45	5.11	5.28
	海洋新兴产业	35 673.9	0.44	0.53	0.48
	其他海洋相关产业	225 766.8	2.78	2.03	2.40
	小计	2 778 111.3	34.22	33.75	33.98
总计		8 118 455.4	100.00	100.00	100.00

3.2010—2013 年舟山海洋各行业权重系数估算结果

2011—2013 年舟山海洋各行业权重系数估算结果如表 6-12 所示。

表 6-12　2010—2013 年舟山海洋各行业权重系数估算结果

海洋三种产业分类		$W_{t=2010}^H$	$W_{t=2011}^H$	$W_{t=2012}^H$	$W_{t=2013}^H$
海洋 第一 产业	海洋渔业	9.22	8.34	7.83	7.92
	小计	9.22	8.34	7.83	7.92

续　表

海洋三次产业分类		$W_{t=2010}^H$	$W_{t=2011}^H$	$W_{t=2012}^H$	$W_{t=2013}^H$
海洋第二产业	海洋工程建筑业	7.20	7.04	8.04	7.18
	海洋船舶工业	22.26	22.08	20.59	21.08
	海洋建筑与安装业	5.64	5.67	5.55	4.41
	涉海产品加工制造业	5.27	4.61	4.61	5.60
	海洋设备制造业	11.67	12.74	12.62	11.83
	海洋石油化工业	6.66	6.76	7.01	8.00
	小计	58.70	58.90	58.42	58.10
海洋第三产业	海洋交通运输业	10.14	9.71	7.94	6.40
	海洋批发与零售业	8.82	9.41	10.64	12.05
	涉海服务业	3.70	4.10	4.14	5.03
	滨海旅游业	3.46	3.11	3.36	2.34
	港口物流业	3.77	3.86	5.11	5.28
	海洋新兴产业	0.37	0.54	0.53	0.48
	其他海洋相关产业	1.82	2.03	2.03	2.40
	小计	32.08	32.76	33.75	33.98
总计		100.00	100.00	100.00	100.00

四、舟山 MECCI 的指数体系

结合舟山当前海洋产业结构特征,可以构造舟山 MECCI 体系[①],具体如图 6-1 所示。

---

① 考虑到舟山海洋产业结构对实证部分的行业分类代码重新调整。

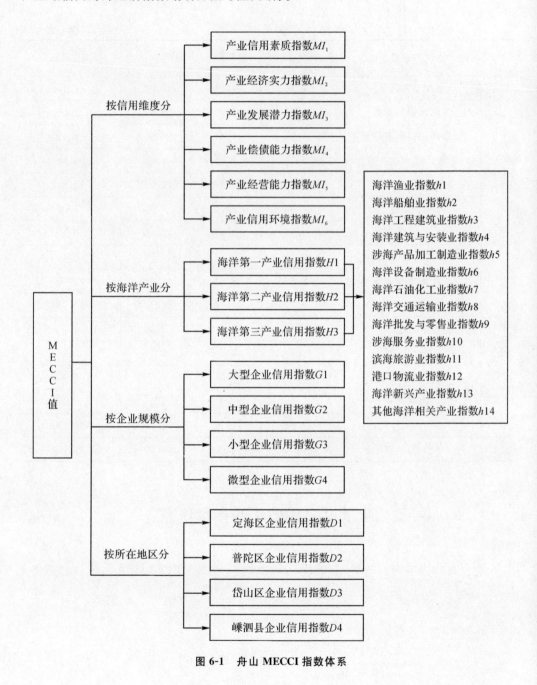

图 6-1　舟山 MECCI 指数体系

五、舟山 MECCI 的测算

（一）样本评价结果的输出

根据 MECCI 的测算方法，对 2010—2013 年间舟山地区 1 293 家与海洋相关样本企业从不同行业、不同规模、不同地区进行测算，得到各信用维度分类指数结果如表 6-13—6-16 所示。

1. 基于舟山 14 个主要海洋行业测算的信用维度分类指数

表 6-13　基于舟山 14 个主要海洋行业测算的信用维度分类指数

年份	舟山海洋产业分类	信用素质	经济实力	发展潜力	偿债能力	经营能力	外部信用环境
		MI_1	MI_2	MI_3	MI_4	MI_5	MI_6
2010	$h1$ 海洋渔业	70.48	45.00	57.40	72.12	83.2	77.40
	$h2$ 海洋工程建筑业	69.40	58.25	71.46	77.18	80.20	75.51
	$h3$ 海洋船舶工业	83.91	72.67	61.56	72.81	57.65	77.78
	$h4$ 海洋建筑与安装业	85.47	87.57	42.43	77.72	47.83	80.29
	$h5$ 涉海产品加工制造业	65.91	64.31	67.07	79.62	79.78	70.24
	$h6$ 海洋设备制造业	70.01	70.33	73.43	80.57	82.91	78.99
	$h7$ 海洋石油化工业	67.74	68.16	80.70	80.71	85.73	65.01
	$h8$ 海洋交通运输业	74.91	63.00	58.61	75.63	71.90	70.53
	$h9$ 海洋批发与零售业	67.46	65.16	75.22	81.25	82.06	65.88
	$h10$ 涉海服务业	76.22	68.42	69.10	75.53	53.61	77.67
	$h11$ 滨海旅游业	80.55	62.19	73.39	71.03	78.80	75.34
	$h12$ 港口物流业	68.75	80.26	59.50	78.82	70.14	69.13
	$h13$ 海洋新兴产业	79.41	71.11	77.43	85.93	82.71	78.67
	$h14$ 其他海洋相关产业	74.29	71.59	64.36	75.79	82.06	74.17

续　表

年份	舟山海洋产业分类	信用素质	经济实力	发展潜力	偿债能力	经营能力	外部信用环境
		MI_1	MI_2	MI_3	MI_4	MI_5	MI_6
2011	$h1$ 海洋渔业	50.91	55.17	53.59	65.09	75.42	68.89
	$h2$ 海洋工程建筑业	62.69	57.26	63.65	74.30	74.44	68.92
	$h3$ 海洋船舶工业	77.56	76.05	61.62	82.22	69.66	78.05
	$h4$ 海洋建筑与安装业	71.91	82.12	37.98	77.34	57.57	68.72
	$h5$ 涉海产品加工制造业	59.61	63.08	67.00	78.32	81.14	67.27
	$h6$ 海洋设备制造业	65.66	63.55	73.39	80.67	83.56	73.18
	$h7$ 海洋石油化工业	60.09	69.08	76.41	82.02	85.45	62.76
	$h8$ 海洋交通运输业	67.24	62.22	47.48	74.66	73.90	67.91
	$h9$ 海洋批发与零售业	60.45	63.76	71.66	77.49	86.10	63.04
	$h10$ 涉海服务业	71.68	67.01	56.52	84.74	52.83	72.21
	$h11$ 滨海旅游业	76.90	63.13	84.24	72.36	84.80	75.93
	$h12$ 港口物流业	78.21	76.87	56.59	84.43	70.33	76.76
	$h13$ 海洋新兴产业	72.95	63.90	78.30	73.86	80.61	75.49
	$h14$ 其他海洋相关产业	73.93	60.82	63.95	78.56	89.31	75.61
2012	$h1$ 海洋渔业	65.10	54.77	59.92	76.84	74.43	71.84
	$h2$ 海洋工程建筑业	64.42	58.03	57.41	72.76	64.74	67.39
	$h3$ 海洋船舶工业	81.30	74.10	50.60	78.36	59.49	75.73
	$h4$ 海洋建筑与安装业	66.25	81.15	40.39	75.29	47.24	63.95
	$h5$ 涉海产品加工制造业	58.59	67.80	65.89	80.51	79.58	64.43
	$h6$ 海洋设备制造业	60.62	61.31	63.88	78.96	79.44	64.36
	$h7$ 海洋石油化工业	62.22	65.51	78.30	76.64	87.26	61.05
	$h8$ 海洋交通运输业	66.76	57.79	56.18	73.75	69.18	64.95
	$h9$ 海洋批发与零售业	60.00	64.08	70.59	78.49	79.07	60.94
	$h10$ 涉海服务业	71.91	66.07	59.67	74.38	55.03	70.09
	$h11$ 滨海旅游业	71.07	70.43	77.14	81.30	83.18	78.47
	$h12$ 港口物流业	72.02	79.07	54.03	78.67	81.72	67.62
	$h13$ 海洋新兴产业	69.86	71.79	58.91	86.15	90.31	65.16
	$h14$ 其他海洋相关产业	66.07	64.10	57.36	82.06	73.95	66.39

续　表

年份	舟山海洋产业分类	信用素质	经济实力	发展潜力	偿债能力	经营能力	外部信用环境
		MI_1	MI_2	MI_3	MI_4	MI_5	MI_6
2013	$h1$ 海洋渔业	55.96	50.83	54.70	76.84	64.8	71.99
	$h2$ 海洋工程建筑业	62.05	52.58	54.43	70.18	59.45	66.39
	$h3$ 海洋船舶工业	86.39	71.30	52.41	80.33	65.99	65.07
	$h4$ 海洋建筑与安装业	63.71	75.40	41.19	77.46	51.65	60.79
	$h5$ 涉海产品加工制造业	53.00	64.81	59.20	77.55	68.29	66.51
	$h6$ 海洋设备制造业	60.15	61.86	61.94	82.38	76.22	67.48
	$h7$ 海洋石油化工业	53.74	64.50	79.64	77.31	86.04	58.16
	$h8$ 海洋交通运输业	65.29	57.36	52.94	68.89	62.70	63.99
	$h9$ 海洋批发与零售业	56.30	60.37	68.11	78.80	74.63	60.42
	$h10$ 涉海服务业	70.52	65.72	54.78	76.40	72.29	67.94
	$h11$ 滨海旅游业	73.40	78.36	81.32	81.70	86.64	84.63
	$h12$ 港口物流业	58.17	84.37	61.61	80.12	62.82	62.46
	$h13$ 海洋新兴产业	73.40	78.85	59.59	82.52	84.22	83.97
	$h14$ 其他海洋相关产业	62.70	58.12	61.46	78.06	82.87	65.55

2. 基于海洋三次产业测算的信用维度分类指数

表 6-14　基于海洋三次产业测算的信用维度分类指数

年份	海洋三次产业	信用素质	经济实力	发展潜力	偿债能力	经营能力	外部信用环境
		MI_1	MI_2	MI_3	MI_4	MI_5	MI_6
2010	$H1$ 海洋第一产业	70.48	45.00	57.40	72.12	83.20	77.40
	$H2$ 海洋第二产业	72.34	66.91	68.50	77.99	75.45	75.28
	$H3$ 海洋第三产业	72.92	66.74	66.63	77.17	73.82	70.73
2011	$H1$ 海洋第一产业	50.91	55.17	53.59	65.09	75.42	68.89
	$H2$ 海洋第二产业	65.46	65.07	64.77	78.12	76.01	70.08
	$H3$ 海洋第三产业	68.56	65.01	61.65	77.90	76.45	69.46

续　表

年份	海洋三次产业	信用素质	经济实力	发展潜力	偿债能力	经营能力	外部信用环境
		MI_1	MI_2	MI_3	MI_4	MI_5	MI_6
2012	H1 海洋第一产业	65.10	54.77	59.92	76.84	74.43	71.84
	H2 海洋第二产业	65.37	64.82	59.43	76.19	69.40	66.56
	H3 海洋第三产业	66.50	65.87	63.02	77.51	74.47	66.16
2013	H1 海洋第一产业	55.96	50.83	54.70	76.84	64.80	71.99
	H2 海洋第二产业	62.78	61.33	58.63	76.16	67.59	64.90
	H3 海洋第三产业	62.26	65.67	62.59	76.98	71.75	64.88

3. 基于不同规模企业测算的信用维度分类指数

表 6-15　基于不同规模企业测算的信用维度分类指数

年份	企业规模	信用素质	经济实力	发展潜力	偿债能力	经营能力	外部信用环境
		MI_1	MI_2	MI_3	MI_4	MI_5	MI_6
2010	G1 大型企业	76.76	73.60	66.54	71.26	54.34	77.44
	G2 中型企业	76.65	70.80	61.84	76.68	67.63	75.05
	G3 小型企业	71.91	64.17	65.49	78.74	76.01	71.82
	G4 微型企业	72.51	62.49	60.54	74.10	65.85	71.37
2011	G1 大型企业	71.63	73.92	60.12	75.69	70.11	70.94
	G2 中型企业	70.04	70.72	60.97	78.76	72.66	71.16
	G3 小型企业	65.13	61.96	59.29	77.14	75.53	68.72
	G4 微型企业	66.45	60.01	54.30	79.53	76.73	69.04
2012	G1 大型企业	73.62	70.95	56.49	68.62	56.71	70.29
	G2 中型企业	69.38	71.71	57.64	77.14	67.29	66.85
	G3 小型企业	64.71	63.21	56.45	77.85	72.23	65.83
	G4 微型企业	61.89	58.24	54.18	74.61	64.75	63.97
2013	G1 大型企业	69.81	65.89	47.87	73.34	73.37	66.90
	G2 中型企业	67.48	71.18	53.72	74.06	66.73	65.71
	G3 小型企业	63.87	59.42	57.29	78.13	70.86	63.21
	G4 微型企业	56.93	57.83	45.41	68.53	52.68	65.73

4.基于不同地区企业测算的信用维度分类指数

表 6-16　从不同地区角度测算得到的分类指数

年份	地 区	信用素质 MI_1	经济实力 MI_2	发展潜力 MI_3	偿债能力 MI_4	经营能力 MI_5	外部信用环境 MI_6
2010	D1 定海区	74.16	68.92	65.31	77.24	71.17	73.38
	D2 普陀区	68.95	65.48	60.31	77.73	72.65	70.77
	D3 岱山区	66.81	65.53	56.78	76.60	68.38	66.07
	D4 嵊泗县	64.70	61.69	54.98	74.81	66.35	64.80
2011	D1 定海区	74.08	64.80	61.73	78.82	69.14	73.19
	D2 普陀区	65.26	66.54	57.56	77.87	75.74	67.78
	D3 岱山区	66.24	66.58	57.77	78.18	71.24	66.14
	D4 嵊泗县	61.80	65.04	55.94	79.41	71.73	62.59
2012	D1 定海区	74.58	65.33	67.42	72.35	76.10	75.33
	D2 普陀区	67.19	64.94	67.05	78.99	81.20	72.69
	D3 岱山区	64.69	66.22	52.91	71.88	61.53	65.74
	D4 嵊泗县	64.40	56.13	49.33	73.60	64.31	64.88
2013	D1 定海区	71.52	69.11	57.25	69.87	69.53	72.27
	D2 普陀区	69.14	67.32	48.66	76.34	66.27	68.89
	D3 岱山区	67.05	65.05	48.83	75.51	71.43	72.80
	D4 嵊泗县	66.48	56.96	52.37	70.70	57.29	66.75

（二）历年 MECCI 测算结果的输出

1.2010—2013 年舟山 MECCI 行业分类指数和总指数测算结果

2010—2013 年舟山 MECCI 行业分类指数和总指数测算结果如表 6-17 至表 6-20 所示。

(1)2010 年行业分类指数和总指数的计算。

表 6-17　2010 年行业分类指数和总指数

分类指数 行业 / 信用维度		信用素质 MI_1	经济实力 MI_2	发展潜力 MI_3	偿债能力 MI_4	经营能力 MI_5	外部信用环境 MI_6	行业权重(%) $W^H_{t=2010}$	行业分类指数 $MI(h)$
海洋渔业	h1	70.48	45.00	57.40	72.12	83.20	77.40	9.22	72.23
海洋第一产业	H1	70.48	45.00	57.40	72.12	83.20	77.40	9.22	72.23
海洋工程建筑业	h2	83.91	72.67	61.56	72.81	57.65	77.78	7.20	68.07
海洋船舶工业	h3	69.40	58.25	71.46	77.18	80.20	75.51	22.26	75.20
海洋建筑与安装业	h4	85.47	87.57	42.43	77.72	47.83	80.29	5.64	66.51
涉海产品加工制造业	h5	65.91	64.31	67.07	79.62	79.78	70.24	5.27	75.36
海洋设备制造业	h6	70.01	70.33	73.43	80.57	82.91	78.99	11.67	78.85
海洋油气业	h7	67.74	68.16	80.70	80.71	85.73	65.01	6.66	78.94
海洋第二产业	H2	72.34	66.91	68.50	77.99	75.45	75.28	58.70	74.65
海洋交通运输业	h8	74.91	63.00	58.61	75.63	71.90	70.53	10.14	71.25
海洋批发与零售业	h9	67.46	65.16	75.22	81.25	82.06	65.88	8.82	77.20
涉海服务业	h10	76.22	68.42	69.10	75.53	53.61	77.67	3.71	67.38
滨海旅游业	h11	80.55	62.19	73.39	71.03	78.80	75.34	3.46	74.01
港口物流业	h12	68.75	80.26	59.50	78.82	70.14	69.13	3.77	72.86
海洋新兴产业	h13	79.41	71.11	77.43	85.93	82.71	78.67	0.37	81.67
其他海洋相关产业	h14	74.29	71.59	64.36	75.79	82.06	74.17	1.82	76.18
海洋第三产业	H3	72.92	66.74	66.63	77.17	73.82	70.73	32.08	73.32
信用维度权重(%)	W^M	7.22	9.24	8.94	33.61	32.60	8.39	总指数	
信用维度分类指数	MI_j	72.35	64.83	66.88	77.18	75.64	74.01	$MECCI_{t=2010}$ $=74.00$	

(2)2011 年行业分类指数和总指数的计算。

表 6-18　2011 年行业分类指数和总指数

分类指数 / 信用维度 / 行业		信用素质 MI_1	经济实力 MI_2	发展潜力 MI_3	偿债能力 MI_4	经营能力 MI_5	外部信用环境 MI_6	行业权重(%) $W_{t=2011}^H$	行业分类指数 $MI(h)$
海洋渔业	$h1$	50.91	55.17	53.59	65.09	75.42	68.89	8.34	65.81
海洋第一产业	$H1$	50.91	55.17	53.59	65.09	75.42	68.89	8.34	65.81
海洋工程建筑业	$h2$	77.56	76.05	61.62	82.22	69.66	78.05	7.05	75.03
海洋船舶工业	$h3$	62.69	57.26	63.65	74.30	74.44	68.92	22.08	70.53
海洋建筑与安装业	$h4$	71.91	82.12	37.98	77.34	57.57	68.72	5.68	66.71
涉海产品加工制造业	$h5$	59.61	63.08	67.00	78.32	81.14	67.27	4.61	74.54
海洋设备制造业	$h6$	65.66	63.55	73.39	80.67	83.56	73.18	12.74	77.67
海洋油气业	$h7$	60.09	69.08	76.41	82.02	85.45	62.76	6.76	78.24
海洋第二产业	$H2$	65.46	65.07	64.77	78.12	76.01	70.08	58.90	73.44
海洋交通运输业	$h8$	67.24	62.22	47.48	74.66	73.90	67.91	9.71	69.73
海洋批发与零售业	$h9$	60.45	63.76	71.66	77.49	86.10	63.04	9.41	76.07
涉海服务业	$h10$	71.68	67.01	56.52	84.74	52.83	72.21	4.10	68.18
滨海旅游业	$h11$	76.90	63.13	84.24	72.36	84.80	75.93	3.11	77.25
港口物流业	$h12$	78.21	76.87	56.59	84.43	70.33	76.76	3.86	75.55
海洋新兴产业	$h13$	72.95	63.90	78.30	73.86	80.61	75.49	0.54	75.61
其他海洋相关产业	$h14$	73.93	60.82	63.95	78.56	89.31	75.61	2.03	78.54
海洋第三产业	$H3$	68.56	65.01	61.65	77.90	76.45	69.46	32.76	73.40
信用维度权重(%)	W^M	7.22	9.24	8.94	33.61	32.60	8.39	总指数	
信用维度分类指数	MI_j	65.26	64.23	62.82	76.96	76.10	69.77	$MECCI_{t=2011}$ $=72.79$	

(3)2012 年行业分类指数和总指数的计算。

表 6-19　2012 年行业分类指数和总指数

分类指数／信用维度 行业		信用素质 MI_1	经济实力 MI_2	发展潜力 MI_3	偿债能力 MI_4	经营能力 MI_5	外部信用环境 MI_6	行业权重(%) $W_{t=2012}^{H}$	行业分类指数 $MI(h)$
海洋渔业	h1	65.10	54.77	59.92	76.84	74.43	71.84	7.83	71.24
海洋第一产业	H1	65.10	54.77	59.92	76.84	74.43	71.84	7.83	71.24
海洋工程建筑业	h2	81.30	74.10	50.60	78.36	59.49	75.73	8.05	69.32
海洋船舶工业	h3	64.42	58.03	57.41	72.76	64.74	67.39	20.59	66.36
海洋建筑与安装业	h4	66.25	81.15	40.39	75.29	47.24	63.95	5.56	61.96
涉海产品加工制造业	h5	58.59	67.80	65.89	80.51	79.58	64.43	4.61	74.80
海洋设备制造业	h6	60.62	61.31	63.88	78.96	79.44	64.36	12.62	73.59
海洋油气业	h7	62.22	65.51	78.30	76.64	87.26	61.05	7.01	76.87
海洋第二产业	H2	65.37	64.82	59.43	76.19	69.40	66.56	58.42	69.84
海洋交通运输业	h8	66.76	57.79	56.18	73.75	69.18	64.95	7.94	67.97
海洋批发与零售业	h9	60.00	64.08	70.59	78.49	79.07	60.94	10.64	73.83
涉海服务业	h10	71.91	66.07	59.67	74.38	55.03	70.09	4.14	65.45
滨海旅游业	h11	71.07	70.43	77.14	81.30	83.18	78.47	3.36	79.56
港口物流业	h12	72.02	79.07	54.03	78.67	81.72	67.62	5.12	76.09
海洋新兴产业	h13	69.86	71.79	58.91	86.15	90.31	65.16	0.53	80.81
其他海洋相关产业	h14	66.07	64.10	57.36	82.06	73.95	66.39	2.03	73.08
海洋第三产业	H3	66.50	65.87	63.02	77.51	74.47	66.16	33.75	72.40
信用维度权重(%)	W^M	7.22	9.24	8.94	33.61	32.60	8.39	总指数	
信用维度分类指数	MI_j	65.73	64.39	60.68	76.69	71.51	66.84	$MECCI_{t=2012}$ $=70.81$	

(4)2013 年行业分类指数和总指数的计算。

表 6-20　2013 年行业分类指数和总指数

行业	分类指数 / 信用维度	信用素质	经济实力	发展潜力	偿债能力	经营能力	外部信用环境	行业权重(%)	行业分类指数
		MI_1	MI_2	MI_3	MI_4	MI_5	MI_6	$W_{t=2013}^H$	$MI(h)$
海洋渔业	$h1$	55.96	50.83	54.70	76.84	64.80	71.99	7.92	66.62
海洋第一产业	$H1$	55.96	50.83	54.70	76.84	64.80	71.99	7.92	66.62
海洋工程建筑业	$h2$	86.39	71.30	52.41	80.33	65.99	65.07	7.19	71.48
海洋船舶工业	$h3$	62.05	52.58	54.43	70.18	59.45	66.39	21.08	62.74
海洋建筑与安装业	$h4$	63.71	75.40	41.19	77.46	51.65	60.79	4.42	63.22
涉海产品加工制造业	$h5$	53.00	64.81	59.20	77.55	68.29	66.51	5.60	69.02
海洋设备制造业	$h6$	60.15	61.86	61.94	82.38	76.22	67.48	11.83	73.79
海洋油气业	$h7$	53.74	64.50	79.64	77.31	86.04	58.16	8.00	75.87
海洋第二产业	$H2$	62.78	61.33	58.63	76.16	67.59	64.90	58.10	68.52
海洋交通运输业	$h8$	65.29	57.36	52.94	68.89	62.70	63.99	6.40	63.71
海洋批发与零售业	$h9$	56.30	60.37	68.11	78.80	74.63	60.42	12.05	71.61
涉海服务业	$h10$	70.52	65.72	54.78	76.40	72.29	67.94	5.04	71.01
滨海旅游业	$h11$	73.40	78.36	81.32	81.70	86.64	84.63	2.34	82.62
港口物流业	$h12$	58.17	84.37	61.61	80.12	62.82	62.46	5.28	70.15
海洋新兴产业	$h13$	73.40	78.85	59.59	82.52	84.22	83.97	0.48	80.15
其他海洋相关产业	$h14$	62.70	58.12	61.46	78.06	82.87	65.55	2.41	74.14
海洋第三产业	$H3$	62.26	65.67	62.59	76.98	71.75	64.88	33.98	70.86
信用维度权重(%)	W^M	7.22	9.24	8.94	33.61	32.60	8.39	总指数	
信用维度分类指数	MI_j	62.06	61.97	59.67	76.49	68.78	65.46	$MECCI_{t=2013}$ $=69.17$	

2. 2010—2013 年舟山 MECCI 规模分类指数的测算结果

2010—2013 年舟山 MECCI 规模分类指数的测算结果如表 6-21 所示。

表 6-21　2010—2013 年舟山 MECCI 规模分类指数

年份	企业规模	符号	MI_1	MI_2	MI_3	MI_4	MI_5	MI_6	规模分类指数
信用维度权重(%)		W^M	7.22	9.24	8.94	33.61	32.60	8.39	
2010	大型企业	G1	76.76	73.60	66.54	71.26	54.34	77.44	66.46
	中型企业	G2	71.63	73.92	60.12	75.69	70.11	70.94	71.72
	小型企业	G3	73.62	70.95	56.49	68.62	56.71	70.29	74.25
	微型企业	G4	69.81	65.89	47.87	73.84	73.37	66.90	68.78
2011	大型企业	G1	76.65	70.80	61.84	76.68	67.63	75.05	71.62
	中型企业	G2	70.04	70.72	60.97	78.76	72.66	71.16	73.17
	小型企业	G3	69.38	71.71	57.64	77.14	67.29	66.85	72.04
	微型企业	G4	67.48	71.18	53.72	74.06	76.73	65.71	72.73
2012	大型企业	G1	71.91	64.17	65.49	78.74	76.01	71.82	64.37
	中型企业	G2	65.13	61.96	59.29	77.14	75.53	68.72	70.26
	小型企业	G3	64.71	63.21	56.45	77.85	72.23	65.83	70.80
	微型企业	G4	63.87	59.42	57.29	78.13	70.86	63.21	66.25
2013	大型企业	G1	72.51	62.49	60.54	74.10	65.85	71.37	69.59
	中型企业	G2	66.45	60.01	54.30	79.53	76.73	69.04	68.41
	小型企业	G3	61.89	58.24	54.18	74.61	64.75	63.97	69.89
	微型企业	G4	56.93	57.83	45.41	68.53	52.68	65.73	59.23

3. 2010—2013 年舟山 MECCI 地区分类指数的测算结果

2010—2013 年舟山 MECCI 地区分类指数的测算结果如表 6-22 所示。

表 6-22　2010—2013 年舟山 MECCI 地区分类指数

年份	企业规模	符号	MI_1	MI_2	MI_3	MI_4	MI_5	MI_6	规模分类指数
信用维度权重(%)		W^M	7.22	9.24	8.94	33.61	32.60	8.39	
2010 年	定海区	$D1$	74.16	68.92	65.31	77.24	71.17	73.38	67.52
	普陀区	$D2$	74.08	64.80	61.73	78.82	69.14	73.19	66.68
	岱山区	$D3$	74.58	65.33	67.42	72.35	76.10	75.33	67.51
	嵊泗县	$D4$	71.52	69.11	57.25	69.87	69.53	72.27	63.72
2011 年	定海区	$D1$	68.95	65.48	60.31	77.73	72.65	70.77	67.19
	普陀区	$D2$	65.26	66.54	57.56	77.87	75.74	67.78	67.84
	岱山区	$D3$	67.19	64.94	67.05	78.99	81.20	72.69	71.11
	嵊泗县	$D4$	69.14	67.32	48.66	76.34	66.27	68.89	63.61
2012 年	定海区	$D1$	66.81	65.53	56.78	76.60	68.38	66.07	64.71
	普陀区	$D2$	66.24	66.58	57.77	78.18	71.24	66.14	66.37
	岱山区	$D3$	64.69	66.22	52.91	71.88	61.53	65.74	60.58
	嵊泗县	$D4$	67.05	65.05	48.83	75.51	71.43	72.80	65.15
2013 年	定海区	$D1$	64.70	61.69	54.98	74.81	66.35	64.80	62.83
	普陀区	$D2$	61.80	65.04	55.94	79.41	71.73	62.59	66.34
	岱山区	$D3$	64.40	56.13	49.33	73.60	64.31	64.88	60.74
	嵊泗县	$D4$	66.48	56.96	52.37	70.70	57.29	66.75	57.98

第七章
MECWI 模型及实证——以浙江舟山群岛新区为例

MECWI 是以海洋经济为主题,海洋产业为主体,涉海相关企业早期信用风险预警评价为核心,运用预警指数相关原理编制的,用以提前揭示区域海洋经济信用变动状况,具有早期信用预警功能的指数化分析工具。

一、MECWI 信用预警指标的遴选

(一)信用预警指标遴选的原则

1.敏感性原则

MECWI 信用预警指标必须能够敏感地反映信用波动。对信用波动分析的目的在于及早揭示区域信用海洋经济风险,及时发出信用预警信号。因此,选用的指标必须在反映信用波动方面十分敏感,能够灵敏地反映信用的"晴雨",能够起到"指示器""报警器"的作用。

2.关联性原则

MECWI 信用预警指标关联性原则包含 2 层含义:一是预警指标与评价结果之间的关联性,其选择标准是预警指标与信用评价结果关联性越强越好,指标与评价结果在运行轨迹上要尽可能地高度一致;二是各预警指标之间的关联性,其选择标准是预警指标之间关联性越弱越好,指标之间的高度相关性意味着评价信息的重复使用,从而会降低评价结果的有效性。

3.领先性原则

MECWI 信用预警指标值的变动必须先于区域信用海洋经济的变动。这些指标可以提前预示信用升降的趋势变动及信用变动转折点的到来,因此具有领先性

或者预警性的特点。

4.时效性原则

MECWI 信用预警指标主要用于预测,因此要求指标数据具有很强的时效性,且指标数据必须便于采集、整理和分析,指数发布的周期一般要比 MECCI 的短。

除此之外,MECWI 信用预警指标与 MECCI 综合评价指标一样,还需满足重要性和可操作性等原则。

(二)信用预警指标初选范围的确定

MECWI 信用预警指标以 MECCI 综合评价指标体系中偿债能力和经营能力2 大维度指标体系为初选范围。这是因为偿债能力和经营能力在区域信用海洋经济中起内部制约的作用,且偿债能力和经营能力的各项评价指标能够较好地满足信用预警指标遴选的敏感性、关联性、领先性和时效性原则。

从初选范围来看,其包括 21 个初选指标,偿债能力由短期偿债能力和长期偿债能力构成,其中短期偿债能力指标有流动比率(记符号 $X1$)、速动比率(记符号 $X2$)和现金流动负债率($X3$)3 项;长期偿债能力指标有资产负债率(记符号 $X4$)、利息保障倍数(记符号 $X5$)、净资产负债率(记符号 $X6$)、欠息率(记符号 $X7$)、或有负债率(记符号 $X8$)、贷款逾期率(记符号 $X9$)和现金债务覆盖率(记符号 $X10$)7 项;经营能力由盈利能力和营运能力构成,其中盈利能力指标有营业收入利润率(记符号 $X11$)、盈余现金保障倍数(记符号 $X12$)、营业收入现金率(记符号 $X13$)、成本费用净利润率(记符号 $X14$)、净资产收益率(记符号 $X15$)和总资产报酬率(记符号 $X16$)6 项;营运能力指标有总资产周转率(记符号 $X17$)、应收账款周转率(记符号 $X18$)、流动资产周转率(记符号 $X19$)、存货周转率(记符号 $X20$)和固定资产周转率(记符号 $X21$)5 项。具体如表 7-1 所示。

表 7-1   MECWI 信用预警指标的初选范围

一级指标	二级指标	三级指标	指标代码
偿债能力	短期偿债能力	流动比率	X1
		速动比率	X2
		现金流动负债率	X3
	长期偿债能力	资产负债率	X4
		利息保障倍数	X5
		净资产负债率	X6
		欠息率	X7
		或有负债率	X8
		贷款逾期率	X9
		现金债务覆盖率	X10
经营能力	盈利能力	营业收入利润率	X11
		盈余现金保障倍数	X12
		营业收入现金率	X13
		成本费用净利润率	X14
		净资产收益率	X15
		总资产报酬率	X16
	营运能力	总资产周转率	X17
		应收账款周转率	X18
		流动资产周转率	X19
		存货周转率	X20
		固定资产周转率	X21

(三)信用预警指标的确定

1. 确定信用预警指标的方法

(1)指标敏感性的测量方法。

信用预警指标敏感性采用变异系数公式来测量。其中,变异系数越大,表明指标的变异程度越强,指标越敏感;反之,则指标越迟钝。变异系数 V 的具体计算公式如下:

$$V = \frac{S}{\overline{X}} \times 100\% \tag{7-1}$$

式中，标准差 $S = \sqrt{\dfrac{\sum\limits_{i=1}^{n}(X_i - \overline{X})^2}{n}}$，样本均值 $\overline{X} = \dfrac{\sum\limits_{i=1}^{n} X_i}{n}$。

（2）指标关联性的测量方法。

信用预警指标关联性采用相关系数公式来衡量。对于信用预警指标与评价结果之间，其相关系数越大越好，而对于信用预警指标之间，则相关系数越小越好。相关系数 R 的计算公式如下：

$$R = \frac{\sum (X_i - \overline{X})(Y_i - \overline{Y})}{\sqrt{(X_i - \overline{X})^2} \cdot \sqrt{\sum (Y_i - \overline{Y})^2}} \tag{7-2}$$

（3）指标领先性的测量方法。

信用预警指标领先性的测量采用时差相关法，设基准指标为 Y，待选指标为 X，再计算 Y 与 X 的时滞为 k 的时间序列之间的相关系数 $R_k (k = 0, \pm 1, \pm 2, \cdots)$，能使相关系数最大的时滞 k，即为该指标的先行周期。

$$R_k = \frac{\sum (Y_i - \overline{Y})(X_{t-k} - \overline{X})}{\sqrt{\sum (Y_i - \overline{Y})^2} \cdot \sqrt{(X_{t-k} - \overline{X})^2}}, \quad k = 0, \pm 1, \pm 2, \cdots \tag{7-3}$$

2. 遴选过程与结果

根据上述信用预警指标选择标准，笔者以浙江省某资信评估公司提供的 2011—2012 年 2 年间的 788 家舟山地区样本企业为实证研究对象，分别对 21 项初选指标从敏感性、关联性和领先性 3 个方面进行测算。遴选指标的思路如下：首先，测算 21 项指标与 MECCI 评价结果之间的相关性，剔除其中不显著的指标；其次，测算剩余指标的敏感性，剔除其中敏感性较差的个别指标；再次，测算余下指标的领先性，通过这些指标 2011 年的指标值与 2012 年的评价结果计算时差相关系数，剔除其中不显著的指标；最后，对剩余指标内部进行相关性检验，对于相关性较大的指标做适当取舍，从而确定指标。

（1）初选指标与 MECCI 评价结果的关联性测量结果。

对 21 个初选指标与 MECCI 评价结果（评价结果的测算详见实证部分）进行相关性检验，其结果如表 7-2 所示。从中可得 $X7, X8, X10, X19$ 和 $X21$ 与 MECCI 相关性较差，无法通过相关性检验，因此，将上述 5 项指标剔除，保留剩下的 16 项指标。

表 7-2 相关性检验

指标	相关系数 R		MECCI	结果	指标	相关系数 R		MECCI	结果
$X1$	Pearson 相关性		0.371^{**}	保留	$X12$	Pearson 相关性		0.192^{**}	保留
	显著性(双侧)		0.000			显著性(双侧)		0.000	
$X2$	Pearson 相关性		0.389^{**}	保留	$X13$	Pearson 相关性		0.461^{**}	保留
	显著性(双侧)		0.000			显著性(双侧)		0.000	
$X3$	Pearson 相关性		0.264^{**}	保留	$X14$	Pearson 相关性		0.460^{**}	保留
	显著性(双侧)		0.000			显著性(双侧)		0.000	
$X4$	Pearson 相关性		-0.563^{**}	保留	$X15$	Pearson 相关性		0.772^{**}	保留
	显著性(双侧)		0.000			显著性(双侧)		0.000	
$X5$	Pearson 相关性		0.574^{**}	保留	$X16$	Pearson 相关性		0.718^{**}	保留
	显著性(双侧)		0.000			显著性(双侧)		0.000	
$X6$	Pearson 相关性		-0.360^{**}	保留	$X17$	Pearson 相关性		0.589^{**}	保留
	显著性(双侧)		0.000			显著性(双侧)		0.000	
$X7$	Pearson 相关性		-0.057	剔除	$X18$	Pearson 相关性		0.402^{**}	保留
	显著性(双侧)		0.109			显著性(双侧)		0.000	
$X8$	Pearson 相关性		-0.026	剔除	$X19$	Pearson 相关性		0.026	剔除
	显著性(双侧)		0.459			显著性(双侧)		0.469	
$X9$	Pearson 相关性		-0.098^{**}	保留	$X20$	Pearson 相关性		0.258^{**}	保留
	显著性(双侧)		0.006			显著性(双侧)		0.000	
$X10$	Pearson 相关性		0.031	剔除	$X21$	Pearson 相关性		-0.033	剔除
	显著性(双侧)		0.386			显著性(双侧)		0.351	
$X11$	Pearson 相关性		0.609^{**}	保留	** 表明在 0.01 水平(双侧)显著相关,				
	显著性(双侧)		0.000		* 表明在 0.05 水平(双侧)显著相关,下同。				

(2)敏感性测量结果。

针对上一步中余下的 16 项指标测算敏感性,各项指标变异系数计算结果如表 7-3 所示。从中可得 $X6,X9,X12$ 和 $X14$ 这 4 项指标的变异系数值偏小,表明这些指标的敏感性较差,因此,将上述 4 项指标剔除,余下 12 项指标。

表 7-3　敏感性测量

指标	均值 $\overline{X}$	标准差 S	变异系数 V	结果
X1	3.59	1.02	0.29	保留
X2	4.78	1.38	0.29	保留
X3	4.60	2.01	0.44	保留
X4	5.45	1.39	0.25	保留
X5	4.51	1.10	0.24	保留
X6	1.91	0.11	0.06	剔除
X9	6.00	0.11	0.02	剔除
X11	3.07	1.08	0.35	保留
X12	0.94	0.07	0.08	剔除
X13	4.89	0.52	0.11	保留
X14	1.80	0.13	0.07	剔除
X15	4.78	0.92	0.19	保留
X16	3.54	0.89	0.25	保留
X17	3.65	0.96	0.26	保留
X18	2.69	0.89	0.33	保留
X20	2.45	0.68	0.28	保留

(3)领先性测量结果。

在此,测量上一步中余下的 12 项指标的时差相关系数。通过各项指标 2011 年的指标值与 MECCI 在 2012 年的最终评价值计算时差相关系数,最终结果如表 7-4 所示。从中可知,X3,X20 这 2 项指标与 2012 年的 MECCI 评价值不相关,其余指标均显著,因此,将这 2 项指标剔除,余下 10 项指标。

表 7-4　时差相关性检验

指标 $X_{t=2011}$	时差相关性检验	MECCI$_{t=2012}$	结果
X1	Pearson 相关性	0.301**	保留
	显著性(双侧)	0.000	
X2	Pearson 相关性	0.184**	保留
	显著性(双侧)	0.002	

指标 $X_{t=2011}$	时差相关性检验	MECCI$_{t=2012}$	结果
X3	Pearson 相关性	−0.072	剔除
	显著性(双侧)	0.229	
X4	Pearson 相关性	−0.419**	保留
	显著性(双侧)	0.000	
X5	Pearson 相关性	0.452**	保留
	显著性(双侧)	0.000	
X11	Pearson 相关性	0.504**	保留
	显著性(双侧)	0.000	
X13	Pearson 相关性	0.483**	保留
	显著性(双侧)	0.000	
X15	Pearson 相关性	0.626**	保留
	显著性(双侧)	0.000	
X16	Pearson 相关性	0.643**	保留
	显著性(双侧)	0.000	
X17	Pearson 相关性	0.536**	保留
	显著性(双侧)	0.000	
X18	Pearson 相关性	0.361**	保留
	显著性(双侧)	0.000	
X20	Pearson 相关性	0.043	剔除
	显著性(双侧)	0.473	

(4)初选指标之间的关联性检验。最后,对上述余下的 10 项指标进行指标之间的相关性检验,剔除其中相关性较大的指标。计算结果如表 7-5 所示,可知指标 X4,X15,X16 和 X17 与其余指标之间的相关性较大,因此将上述指标剔除,最终剩下 6 项指标。

表 7-5　初选指标之间的关联性检验

相关性检验		X1	X2	X4	X5	X11	X13	X15	X16	X17	X18
X1	Pearson 相关性	1.000	0.163**	0.336**	0.053	0.195**	0.019	0.101**	0.103**	−0.140**	0.066
	显著性(双侧)		0.000	0.000	0.161	0.000	0.677	0.005	0.005	0.000	0.081

续　表

相关性检验		X1	X2	X4	X5	X11	X13	X15	X16	X17	X18
X2	Pearson 相关性		1	0.166**	0.066	0.062	−0.005	0.008	0.086**	0.102**	0.086*
	显著性(双侧)			0.000	0.050	0.067	0.901	0.792	0.009	0.002	0.011
X4	Pearson 相关性			1	0.106**	0.249**	−0.013	0.209**	0.206**	0.166**	0.082*
	显著性(双侧)				0.001	0.000	0.732	0.000	0.000	0.000	0.012
X5	Pearson 相关性				1	0.186**	0.079*	0.370**	0.667**	0.002	0.150**
	显著性(双侧)					0.000	0.039	0.000	0.000	0.940	0.000
X11	Pearson 相关性					1	−0.004	0.303**	0.278**	0.020	−0.026
	显著性(双侧)						0.911	0.000	0.000	0.551	0.427
X13	Pearson 相关性						1	−0.010	0.039	0.104**	0.043
	显著性(双侧)							0.783	0.299	0.004	0.260
X15	Pearson 相关性							1	0.432**	0.062*	0.171**
	显著性(双侧)								0.000	0.046	0.000
X16	Pearson 相关性								1	0.169**	0.307**
	显著性(双侧)									0.000	0.000
X17	Pearson 相关性									1	0.295**
	显著性(双侧)										0.000
X18	Pearson 相关性										1
	显著性(双侧)										

注：＊＊表明在 0.01 水平(双侧)显著相关，＊表明在 0.05 水平(双侧)显著相关。

（5）最终信用预警指标的确定。

根据上述遴选，最终得到的 MECWI 信用预警指标包括如下 6 项指标，它们分别是短期偿债能力中的流动比率($X1$)和速动比率($X2$)，长期偿债能力中的利息保障倍数($X5$)，盈利能力中的营业收入利润率($X11$)和营业收入现金率($X13$)，以及营运能力中的应收账款周转率($X18$)，如表 7-6 所示。

表 7-6   MECWI 信用预警指标的最终确定

一级指标	二级指标	三级指标	原始指标代码	预处理后 指标代码
偿债能力	短期偿债能力	流动比率	X1	EW1
		速动比率	X2	EW2
	长期偿债能力	利息保障倍数	X5	EW3
经营能力	盈利能力	营业收入利润率	X11	EW4
		营业收入现金率	X13	EW5
	营运能力	应收账款周转率	X18	EW6

二、MECWI 信用预警指数的编制

(一)信用预警指标预处理

信用预警指标的预处理包括指标方向的一致性转换和同度量化。由于 MEC-WI 的各项预警指标均出自 MECCI 综合评价指标体系,因此,6 项信用预警指标的预处理方法与 MECCI 综合评价指标中的指标处理方式一致。由于 6 项指标均是正向指标,因此,无须方向一致性转换,直接使用功效系数法对这些指标进行无量纲化转换即可。详细的说明可以阅读第四章第一部分。

(二)信用预警指数权重的设置

MECWI 是通过指标和行业双向加权计算得到的综合指数,因此指数权重包括指标权和行业权。权重的计算的详细过程可参照第四章第二部分的相关介绍。

1.指标权重的设置

MECWI 的指标权重以 MECCI 综合评价指标中上述指标权重为依据,即根据 MECCI 综合评价指标体系中得到的各项指标的权重,再将 6 项指标做归一化处理,便可以得到 MECWI 信用预警指标的各项权重,计算过程和结果如表 7-7 所示。

表 7-7　MECWI 信用预警指标权重的确定

一级指标	MECCI 一级权重	二级指标	MECCI 二级权重	三级指标	MECCI 三级权重	MECCI 指标权重	MECWI 指标权重
偿债能力	0.336 1	短期偿债能力	0.514 2	流动比率	0.312 5	0.05	22.05
				速动比率	0.312 5	0.05	22.05
		长期偿债能力		利息保障倍数	0.151 0	0.02	10.06
经营能力	0.326 0	盈利能力	0.652 4	营业收入利润率	0.226 2	0.05	19.64
				营业收入现金率	0.188 4	0.04	16.36
		营运能力	0.347 6	应收账款周转率	0.212 8	0.02	9.84
合计						0.23	100.00

2.行业权重的设置

MECWI 行业权重设置方法与 MECCI 综合指数编制中行业权重设置方法一致。同样可以根据各行业产值占比(当行业统计资料较为完整的时候),或者样本行业营业收入占比和专家定性估计(当行业统计资料不全的时候)相结合的方法来设置权重。详细过程参考第四章第二部分的相关介绍。

(三)信用预警指数的计算公式

1.信用预警指数编制的基本思路

信用预警指数编制的基本思路如图 7-1 所示。

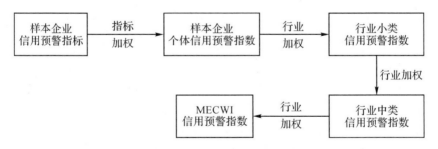

图 7-1　MECWI 编制流程

2.预警指数编制方法

(1)样本企业个体信用预警指数的编制。

记来自 $hk(k = 1,2,\cdots,14)$ 行业的第 $i(i = 1,2,\cdots,n_{hk})$ 家样本企业其 6 项预警指标分别为 $EW_{ij}(hk)(j = 1,2,\cdots,6)$,将上述指标通过线性加权得到样本企业个体预警指数 $EW_i(hk)$,计算公式如下:

$$EW_i(hk) = \sum_{j=1}^{6} W^{EW_{ij}(hk)} \cdot EW_{ij}(hk) \tag{7-4}$$

式中，$W^{EW_{ij}(hk)}$ 为 $EW_i(hk)$ 的权重。

（2）行业小类信用预警指数的编制。

将来自第 hk 行业的 n_{hk} 家样本企业加权平均得到行业小类信用预警指数 $EW(hk)$，计算公式如下：

$$EW(hk) = \sum_{i=1}^{n_{hk}} W^{EW_i(hk)} \cdot EW_i(hk) \tag{7-5}$$

式中，$W^{EW_i(hk)}$ 为 $EW(hk)$ 的权重。

（3）行业中类信用预警指数的编制。

将 $Hl(l=1,2,3,$ 分别代表第一、第二和第三产业）行业中类下的 hk 个行业小类线性加权得到行业中类各维度信用预警指数 $EW(Hl)$，计算公式如下：

$$EW(Hl) = \sum_{hk} W^{EW(hk)} \cdot EW(hk) \tag{7-6}$$

式中，$W^{EW(hk)}$ 为 $EW(Hl)$ 的权重。

（4）MECWI 信用预警指数的编制。

将三大产业中类指数 $EW(Hl)$ 加权得到 MECWI 信用预警指数，计算公式如下：

$$\mathrm{MECWI} = \sum_{Hl} W^{EW(Hl)} \cdot EW(Hl) \tag{7-7}$$

式中，$W^{EW(Hl)}$ 为 MECWI 的权重。

（5）各分类指数的输出。

同 MECCI 各分类指数编制方法一样，MECWI 同样可以编制规模分类信用预警指数、企业性质分类信用预警指数和地区分类信用预警指数。其编制思路与前内容基本类似，此处不再赘述。

三、MECWI 模型有效性的验证方法

如何才能验证 MECWI 模型测算结果的准确性呢？从 MECCI 和 MECWI 的关系可知，MECCI 主要侧重于对信用海洋经济现状的评价，而 MECWI 则是对信用海洋经济的早期预警，也就是说，MECWI 是对 MECCI 的预测。因此，要验证 MECWI 模型的有效性，最直接可行的方法便是用本期测算得到的 MECCI 结果反向验证上一期 MECWI 结果的准确性。下面提出 2 种用于验证 MECWI 模型有效性的具体方法。

(一)灯号预测准确率验证法

灯号预测准确率验证法是用第 $t+1$ 期 MECCI 的灯号去反向验证第 t 期 MECWI 的灯号,如果两者相同,表明 MECWI 对 MECCI 进行了准确预测,反之则预测失败。在全部待验证的 MECCI 的 N 个灯号中,如果 MECWI 准确预测的灯号有 n 个,那么预测准确率为 $F=n/N$。显然 F 值越高,MECWI 预警模型就越可靠。具体示例如表 7-8 所示。

表 7-8　灯号预测准确率验证示例

年份	t	$t+1$	$t+2$	$t+3$	$t+4$	$t+5$	$t+6$	$t+7$	$t+8$	$t+9$	...
MECWI	◒	◒	○	○	○	⊞	⊞	○	○		
MECCI	—	◒	◒	○	○	○	⊞	⊞	○	○	

灯号准确率验证法比较适合指数灯号变动较为频繁的特定时期,尤其是对一些特定时点上灯号的预警,如信用趋势发生变动的拐点,其预测的准确率越高,表明模型就越可靠;但是当样本指数值测算的结果一直都非常平稳地运行在某些固定灯号上,此时验证的效果将会大打折扣。因此,可以考虑下面的时差相关性验证法。

(二)时差相关性验证法

时差相关性验证法采用的是全局验证的理念。其将全部测算得到的 MECCI 值和 MECWI 值进行时差相关性验证,通过时差相关系数的结果来判断 MEWCI 模型的有效性。有关时差相关系数计算公式已经在前文信用预警指标确定方法中做了介绍。下面以 1 年时差相关系数验证法为例加以说明。如将表 7-9 所示,测算得到的 MECWI 第 t 年的值和 MECCI 第 $t+1$ 年的值一一配对,然后计算相关系数,结果为 0.944,双侧显著性检验 P 值为 0.005,表明,第 t 年的 MECWI 值和第 $t+1$ 年的 MECCI 值高度正相关。从而表明 MECWI 模型是有效的。具体示例如表 7-9 所示。

表 7-9　时差相关性验证法示例

指数	t 年	$t+1$ 年	$t+2$ 年	$t+3$ 年	$t+4$ 年	$t+5$ 年	$t+6$ 年	...
MECWI	76.11	67.37	61.43	70.00	72.50	70.00	——	
MECCI	——	72.12	68.02	60.39	68.81	71.15	70.57	

四、MECWI 信用预警分析方法

MECWI 的信用预警分析主要包括灯号预警分析、趋势预警分析和波动预警分析 3 类。具体介绍如下。

(一)灯号预警分析

灯号预警分析是根据 MECWI 的总指数与各分类信用预警指数当前的指数值所处的信用等级区间,去预测下一阶段指数值将运行的区间,并提前亮出不同颜色的灯号,以示警诫。灯号原理则与 MECCI 基本相似,此处不再重复。

(二)趋势预警分析

趋势预警分析主要依据 MECWI 的总指数和各分类指数现阶段指数值变动方向去推测区域信用海洋经济的变动方向,从而预测下一段指数的走势。其可以通过使用基于时序数列的分析方法,结合 MECWI 时序数列走势图,对区域信用海洋经济的短期和长期走势进行外推,常用的趋势外推方法包括移动平均法、指数平滑法等。

(三)波动预警分析

MECWI 波动预警分析是在 MECWI 的总指数和各分类指数序列基础上,通过计算定基指数和环比指数,并计算指数序列的波动性指标,结合 MECWI 波动性分析图,对区域信用海洋经济的波动幅度进行分析。

五、MECWI 实证研究——以浙江舟山群岛新区为例

下面同样以浙江省 2 家评级公司提供的舟山群岛新区 2010—2013 年间 1 293 家样本企业为例,测算舟山的 MECWI。详细的测算结果分别如表 7-10 至表 7-16 所示。

（一）样本评价结果的输出

1. 基于舟山 14 个主要海洋产业测算的信用预警指标

表 7-10　14 个主要海洋产业信用预警指标测算结果

年份	舟山海洋产业分类	$EW1$	$EW2$	$EW3$	$EW4$	$EW5$	$EW6$
2010	$h1$ 海洋渔业	76.11	67.37	61.43	70.00	72.50	70.00
	$h2$ 海洋工程建筑业	71.57	72.12	68.02	70.39	72.81	73.15
	$h3$ 海洋船舶工业	67.15	64.27	70.08	68.42	73.35	73.03
	$h4$ 海洋建筑与安装业	70.00	52.22	61.13	74.16	65.22	60.20
	$h5$ 涉海产品加工制造业	72.45	70.34	68.14	76.63	67.27	69.31
	$h6$ 海洋设备制造业	79.03	77.56	70.49	78.43	73.88	68.75
	$h7$ 海洋石油化工业	75.32	78.19	70.62	76.74	69.25	71.25
	$h8$ 海洋交通运输业	55.17	86.47	60.49	72.52	85.66	78.10
	$h9$ 海洋批发与零售业	68.95	70.86	63.89	78.10	75.13	77.34
	$h10$ 涉海服务业	76.21	75.00	54.18	57.88	71.56	54.17
	$h11$ 滨海旅游业	70.60	78.04	72.79	73.16	77.50	73.20
	$h12$ 港口物流业	80.00	87.31	58.85	73.71	78.11	76.00
	$h13$ 海洋新兴产业	80.00	81.43	71.43	77.52	72.50	77.52
	$h14$ 其他海洋相关产业	73.33	69.13	75.33	66.47	66.70	72.73
2011	$h1$ 海洋渔业	71.89	62.86	70.08	68.67	61.75	68.57
	$h2$ 海洋工程建筑业	65.19	57.21	64.74	75.44	66.97	59.96
	$h3$ 海洋船舶工业	69.97	67.64	66.17	64.77	66.04	54.95
	$h4$ 海洋建筑与安装业	74.27	55.30	60.77	68.50	62.24	59.02
	$h5$ 涉海产品加工制造业	69.35	64.68	63.15	71.66	75.00	70.07
	$h6$ 海洋设备制造业	63.85	67.30	65.93	73.18	68.96	64.81
	$h7$ 海洋石油化工业	72.03	65.84	67.84	75.71	74.05	69.23
	$h8$ 海洋交通运输业	65.45	79.46	63.61	61.66	71.79	74.85
	$h9$ 海洋批发与零售业	71.98	67.34	62.36	83.54	68.07	69.19
	$h10$ 涉海服务业	79.53	76.32	66.27	61.83	79.60	63.23
	$h11$ 滨海旅游业	78.44	75.16	74.76	72.33	77.64	70.49
	$h12$ 港口物流业	80.00	74.98	56.01	71.59	74.64	78.25
	$h13$ 海洋新兴产业	75.24	71.43	63.09	71.47	71.25	60.00
	$h14$ 其他海洋相关产业	67.15	70.78	70.33	77.50	72.44	71.59

续　表

年份	舟山海洋产业分类	EW1	EW2	EW3	EW4	EW5	EW6
2012	h1 海洋渔业	69.46	60.81	65.54	64.75	69.13	71.25
	h2 海洋工程建筑业	56.38	61.73	62.53	70.73	65.21	64.79
	h3 海洋船舶工业	65.24	60.44	63.23	52.48	60.33	56.24
	h4 海洋建筑与安装业	69.04	67.85	65.39	71.71	59.57	64.43
	h5 涉海产品加工制造业	68.00	64.25	66.28	60.08	69.75	69.80
	h6 海洋设备制造业	64.71	61.36	65.26	56.36	69.61	66.70
	h7 海洋石油化工工业	60.96	55.34	66.03	64.15	70.64	72.12
	h8 海洋交通运输业	63.24	72.63	60.73	67.44	66.10	68.19
	h9 海洋批发与零售业	71.84	69.38	64.85	61.01	67.08	66.62
	h10 涉海服务业	78.59	87.66	75.04	83.55	75.84	79.08
	h11 滨海旅游业	80.00	76.96	77.54	84.82	83.35	78.17
	h12 港口物流业	66.80	76.43	65.41	72.47	73.54	85.57
	h13 海洋新兴产业	81.80	80.16	77.03	76.57	85.00	83.33
	h14 其他海洋相关产业	72.09	60.56	76.60	65.71	61.94	68.75
2013	h1 海洋渔业	60.16	55.82	56.13	69.25	66.25	69.00
	h2 海洋船舶工业	57.60	58.24	64.71	57.20	63.51	53.95
	h3 海洋工程建筑业	60.52	60.76	63.16	60.14	67.10	65.28
	h4 涉海建筑与安装业	71.43	64.29	71.43	67.66	59.82	57.92
	h5 涉海产品加工制造业	69.49	67.43	67.71	56.54	63.45	63.73
	h6 海洋设备制造业	73.01	62.12	61.08	51.65	70.31	68.12
	h7 海洋石油化工工业	60.73	58.70	71.43	51.20	75.00	75.00
	h8 海洋交通运输业	68.95	56.92	64.51	58.28	61.13	60.18
	h9 海洋批发与零售业	70.93	70.46	65.88	60.46	64.77	68.13
	h10 涉海服务业	79.11	77.14	81.43	87.67	76.25	83.39
	h11 滨海旅游业	79.76	78.00	77.45	86.37	85.63	80.10
	h12 港口物流业	62.10	63.29	60.00	61.78	60.00	65.04
	h13 海洋新兴产业	80.00	81.43	81.43	76.00	82.50	91.67
	h14 其他海洋相关产业	60.61	54.61	65.19	71.81	67.14	75.51

2.基于海洋三次产业测算的信用预警指标

表 7-11　海洋三次产业信用预警指标测算结果

年份	舟山海洋产业分类	EW1	EW2	EW3	EW4	EW5	EW6
2010	H1 海洋第一产业	76.11	67.37	61.43	70.00	72.50	70.00
	H2 海洋第二产业	72.86	70.86	68.41	73.39	71.46	70.46
	H3 海洋第三产业	67.28	79.00	62.80	72.29	78.14	74.04
2011	H1 海洋第一产业	71.89	62.86	70.08	68.67	61.75	68.57
	H2 海洋第二产业	67.46	62.03	65.02	72.74	68.28	62.17
	H3 海洋第三产业	72.30	73.98	64.15	71.29	72.62	71.31
2012	H1 海洋第一产业	69.46	60.81	65.54	64.75	69.13	71.25
	H2 海洋第二产业	62.07	61.49	64.20	63.58	65.96	65.27
	H3 海洋第三产业	70.87	73.85	67.38	69.92	70.49	72.93
2013	H1 海洋第一产业	60.16	55.82	56.13	69.25	66.25	69.00
	H2 海洋第二产业	64.87	60.91	65.07	57.16	66.86	64.60
	H3 海洋第三产业	70.74	69.76	68.78	69.13	68.24	72.39

3.基于不同规模企业测算的信用预警指标

表 7-12　不同规模企业信用预警指标测算结果

年份	企业规模	EW1	EW2	EW3	EW4	EW5	EW6
2010	大型企业	72.73	68.58	66.59	72.08	75.33	75.80
	中型企业	79.81	72.00	73.01	68.95	72.63	66.39
	小型企业	69.75	70.99	69.42	64.55	73.44	70.81
	微型企业	73.02	70.17	69.34	68.83	61.33	61.85
2011	大型企业	65.14	61.06	66.19	64.83	69.74	63.61
	中型企业	75.49	65.85	67.80	59.20	69.52	62.66
	小型企业	69.60	68.69	69.05	63.87	72.80	70.54
	微型企业	65.44	69.88	70.73	61.26	61.82	69.49

续 表

年份	舟山海洋产业分类	EW1	EW2	EW3	EW4	EW5	EW6
2012	大型企业	68.71	66.36	68.74	68.60	70.31	68.69
	中型企业	72.23	64.65	70.55	58.56	66.40	62.54
	小型企业	68.65	65.37	66.73	62.37	70.18	69.83
	微型企业	60.85	60.95	62.19	58.16	55.59	61.79
2013	大型企业	65.03	68.50	61.61	63.25	75.00	70.00
	中型企业	70.58	66.45	66.61	53.49	69.66	67.88
	小型企业	64.81	69.01	74.61	59.62	68.32	69.29
	微型企业	55.21	58.19	61.08	52.55	51.01	66.01

4.基于不同地区企业测算的信用预警指标

表 7-13 不同地区企业信用预警指标测算结果

年份	地区	EW1	EW2	EW3	EW4	EW5	EW6
2010	定海区	76.83	69.53	67.29	68.29	70.23	70.04
	普陀区	76.87	72.55	65.72	66.68	72.06	67.96
	岱山区	71.10	74.54	64.04	69.56	79.69	72.08
	嵊泗县	68.33	69.34	62.29	68.24	67.15	73.58
2011	定海区	70.86	64.94	64.28	67.42	71.00	69.92
	普陀区	70.69	70.69	64.29	65.12	70.72	63.27
	岱山区	62.39	65.10	63.07	67.35	60.68	61.99
	嵊泗县	63.00	69.34	64.31	67.43	68.86	70.15
2012	定海区	71.74	68.67	64.15	58.25	69.51	68.40
	普陀区	73.02	70.18	67.47	63.64	67.89	66.39
	岱山区	62.39	62.95	60.63	62.57	63.78	62.22
	嵊泗县	61.40	57.62	52.75	63.84	60.50	58.35
2013	定海区	71.71	68.92	64.62	54.49	68.77	70.18
	普陀区	72.69	70.59	66.97	62.52	66.15	66.45
	岱山区	62.04	60.78	66.97	60.62	62.61	62.45
	嵊泗县	62.00	57.14	53.00	63.00	57.50	60.00

（二）历年 MECWI 测算结果的输出

1. 2010—2013 年舟山 MECWI 行业分类信用预警指数与总指数

表 7-14　2010—2013 年舟山 MECWI 行业分类信用预警指数与总指数

年份	舟山海洋产业分类	EW1	EW2	EW3	EW4	EW5	EW6	行业权重	行业预警指数
	信用预警指标权重	22.05	22.05	10.06	19.64	16.36	9.84		
2010	h1 海洋渔业	76.11	67.37	61.43	70.00	72.50	70.00	9.22	70.31
	H1 海洋第一产业	76.11	67.37	61.43	70.00	72.50	70.00	9.22	70.31
	h2 海洋工程建筑业	67.15	64.27	70.08	68.42	73.35	73.03	7.20	68.65
	h3 海洋船舶工业	71.57	72.12	68.02	70.39	72.81	73.15	22.26	71.46
	h4 海洋建筑与安装业	70.00	52.22	61.13	74.16	65.22	60.20	5.64	64.26
	h5 涉海产品加工制造业	72.45	70.34	68.14	76.63	67.27	69.31	5.27	71.22
	h6 海洋设备制造业	79.03	77.56	70.49	78.43	73.88	68.75	11.67	75.87
	h7 海洋石油化工业	75.32	78.19	70.62	76.74	69.25	71.25	6.66	74.37
	H2 海洋第二产业	72.86	70.86	68.41	73.39	71.46	70.46	58.70	71.61
	h8 海洋交通运输业	55.17	86.47	60.49	72.52	85.66	78.10	10.14	73.26
	h9 海洋批发与零售业	68.95	70.86	63.89	78.10	75.13	77.34	8.82	72.50
	h10 涉海服务业	76.21	75.00	54.18	57.88	71.56	54.17	3.71	67.20
	h11 滨海旅游业	70.60	78.04	72.79	73.16	77.50	73.20	3.46	74.35
	h12 港口物流业	80.00	87.31	58.85	73.71	78.11	76.00	3.77	77.55
	h13 海洋新兴产业	80.00	81.43	71.43	77.52	72.50	77.52	0.37	77.50
	h14 其他海洋相关产业	73.33	69.13	75.33	66.47	66.70	72.73	1.82	70.11
	H3 海洋第三产业	67.28	79.00	62.80	72.29	78.14	74.04	32.08	72.84
	MECWI(t=2010)	71.37	73.15	65.96	72.72	73.70	71.57	71.89	

年份	舟山海洋产业分类	EW1	EW2	EW3	EW4	EW5	EW6	行业权重	行业预警指数
	信用预警指标权重	22.05	22.05	10.06	19.64	16.36	9.84		
2011	h1 海洋渔业	71.89	62.86	70.08	68.67	61.75	68.57	8.34	67.10
	H1 海洋第一产业	71.89	62.86	70.08	68.67	61.75	68.57	8.34	67.10
	h2 海洋工程建筑业	69.97	67.64	66.17	64.77	66.04	54.95	7.05	65.93
	h3 海洋船舶工业	65.19	57.21	64.74	75.44	66.97	59.96	22.08	65.17
	h4 海洋建筑与安装业	74.27	55.30	60.77	68.50	62.24	59.02	5.68	64.13
	h5 涉海产品加工制造业	69.35	64.68	63.15	71.66	75.00	70.07	4.61	69.15
	h6 海洋设备制造业	63.85	67.30	65.93	73.18	68.96	64.81	12.74	67.58
	h7 海洋石油化工业	72.03	65.84	67.84	75.71	74.05	69.23	6.76	71.02
	H2 海洋第二产业	67.46	62.03	65.02	72.74	68.28	62.17	58.90	66.67
	h8 海洋交通运输业	65.45	79.46	63.61	61.66	71.79	74.85	9.71	69.57
	h9 海洋批发与零售业	71.98	67.34	62.36	83.54	68.07	69.19	9.41	71.35
	h10 涉海服务业	79.53	76.32	66.27	61.83	79.60	63.23	4.10	72.42
	h11 滨海旅游业	78.44	75.16	74.76	72.33	77.64	70.49	3.11	75.23
	h12 港口物流业	80.00	74.98	56.01	71.59	74.64	78.25	3.86	73.78
	h13 海洋新兴产业	75.24	71.43	63.09	71.47	71.25	60.00	0.54	70.28
	h14 其他海洋相关产业	67.15	70.78	70.33	77.50	72.44	71.59	2.03	71.61
	H3 海洋第三产业	72.30	73.98	64.15	71.29	72.62	71.31	32.76	71.61
	MECWI($t=2011$)	69.41	66.01	65.16	71.93	69.15	65.70		68.32

续　表

年份	舟山海洋产业分类	EW1	EW2	EW3	EW4	EW5	EW6	行业权重	行业预警指数
	信用预警指标权重	22.05	22.05	10.06	19.64	16.36	9.84		
2012	h1 海洋渔业	69.46	60.81	65.54	64.75	69.13	71.25	7.83	66.36
	H1 海洋第一产业	69.46	60.81	65.54	64.75	69.13	71.25	7.83	66.36
	h2 海洋工程建筑业	65.24	60.44	63.23	52.48	60.33	56.24	8.05	59.78
	h3 海洋船舶工业	56.38	61.73	62.53	70.73	65.21	64.79	20.59	63.27
	h4 海洋建筑与安装业	69.04	67.85	65.39	71.71	59.57	64.43	5.56	66.93
	h5 涉海产品加工制造业	68.00	64.25	66.28	60.08	69.75	69.80	4.61	65.91
	h6 海洋设备制造业	64.71	61.36	65.26	56.36	69.61	66.70	12.62	63.38
	h7 海洋石油化工业	60.96	55.34	66.03	64.15	70.64	72.12	7.01	63.54
	H2 海洋第二产业	62.07	61.49	64.20	63.58	65.96	65.27	58.42	63.40
	h8 海洋交通运输业	63.24	72.63	60.73	67.44	66.10	68.19	7.94	66.84
	h9 海洋批发与零售业	71.84	69.38	64.85	61.01	67.08	66.62	10.64	67.17
	h10 涉海服务业	78.59	87.66	75.04	83.55	75.84	79.08	4.14	80.81
	h11 滨海旅游业	80.00	76.96	77.54	84.82	83.35	78.17	3.36	80.40
	h12 港口物流业	66.80	76.43	65.41	72.47	73.54	85.57	5.12	72.85
	h13 海洋新兴产业	81.80	80.16	77.03	76.57	85.00	83.33	0.53	80.61
	h14 其他海洋相关产业	72.09	60.56	76.60	65.71	61.94	68.75	2.03	66.76
	H3 海洋第三产业	70.87	73.85	67.38	69.92	70.49	72.93	33.75	71.13
	MECWI($t=2012$)	65.62	65.61	65.38	65.81	67.74	68.32	66.24	

年份	舟山海洋产业分类	EW1	EW2	EW3	EW4	EW5	EW6	行业权重	行业预警指数
	信用预警指标权重	22.05	22.05	10.06	19.64	16.36	9.84		
2013	h1 海洋渔业	60.16	55.82	56.13	69.25	66.25	69.00	7.92	62.45
	H1 海洋第一产业	60.16	55.82	56.13	69.25	66.25	69.00	7.92	62.45
	h2 海洋工程建筑业	60.52	60.76	63.16	60.14	67.10	65.28	7.19	62.31
	h3 海洋船舶业	57.60	58.24	64.71	57.20	63.51	53.95	21.08	58.99
	h4 涉海建筑与安装业	71.43	64.29	71.43	67.66	59.82	57.92	4.42	65.89
	h5 涉海产品加工制造业	69.49	67.43	67.71	56.54	63.45	63.73	5.60	64.76
	h6 海洋设备制造业	73.01	62.12	61.08	51.65	70.31	68.12	11.83	64.29
	h7 海洋石油化工业	60.73	58.70	71.43	51.20	75.00	75.00	8.00	63.23
	H2 海洋第二产业	64.87	60.91	65.07	57.16	66.86	64.60	58.1	61.61
	h8 海洋交通运输业	68.95	56.92	64.51	58.28	61.13	60.18	6.40	62.80
	h9 海洋批发与零售业	70.93	70.46	65.88	60.46	64.77	68.13	12.05	66.98
	h10 涉海服务业	79.11	77.14	81.43	87.67	76.25	83.39	5.04	80.54
	h11 滨海旅游业	79.76	78.00	77.45	86.37	85.63	80.10	2.34	81.43
	h12 港口物流业	62.10	63.29	60.00	61.78	60.00	65.04	5.28	62.03
	h13 海洋新兴产业	80.00	81.43	81.43	76.00	82.50	91.67	0.48	81.23
	h14 其他海洋相关产业	60.61	54.61	65.19	71.81	67.14	75.51	2.41	64.48
	H3 海洋第三产业	70.74	69.76	68.78	69.13	68.24	72.39	33.98	69.76
	MECWI($t=2013$)	66.12	62.95	65.39	61.42	67.19	67.10	64.70	

2. 2010—2013 年舟山 MECWI 规模分类信用预警指数

表 7-15　2010—2013 年舟山 MECWI 规模分类信用预警指数

年份	企业规模	EW1	EW2	EW3	EW4	EW5	EW6	规模分类预警指数
	指标权重	22.05	22.05	10.06	19.64	16.36	9.84	
2010	大型企业	72.73	68.58	66.59	72.08	75.33	75.80	71.80
	中型企业	79.81	72.00	73.01	68.95	72.63	66.39	72.77
	小型企业	69.75	70.99	69.42	64.55	73.44	70.81	69.68
	微型企业	73.02	70.17	69.34	68.83	61.33	61.85	68.19

年份	企业规模	EW1	EW2	EW3	EW4	EW5	EW6	规模分类预警指数
	指标权重	22.05	22.05	10.06	19.64	16.36	9.84	
2011	大型企业	65.14	61.06	66.19	64.83	69.74	63.61	64.89
	中型企业	75.49	65.85	67.80	59.20	69.52	62.66	67.15
	小型企业	69.60	68.69	69.05	63.87	72.80	70.54	68.83
	微型企业	65.44	69.88	70.73	61.26	61.82	69.49	65.94
2012	大型企业	68.71	66.36	68.74	68.60	70.31	68.69	68.43
	中型企业	72.23	64.65	70.55	58.56	66.40	62.54	65.80
	小型企业	68.65	65.37	66.73	62.37	70.18	69.83	66.87
	微型企业	60.85	60.95	62.19	58.16	55.59	61.79	59.71
2013	大型企业	65.03	68.50	61.61	63.25	75.00	70.00	67.22
	中型企业	70.58	66.45	66.61	53.49	69.66	67.88	65.50
	小型企业	64.81	69.01	74.61	59.62	68.32	69.29	66.72
	微型企业	55.21	58.19	61.08	52.55	51.01	60.01	55.72

3. 2010—2013 年舟山 MECWI 地区分类信用预警指数

表 7-16　2010—2013 年舟山 MECWI 地区分类信用预警指数

年份	企业规模	EW1	EW2	EW3	EW4	EW5	EW6	规模分类预警指数
	指标权重	22.05	22.05	10.06	19.64	16.36	9.84	
2010	定海区	76.83	69.53	67.29	68.29	70.23	70.04	70.84
	普陀区	76.87	72.55	65.72	66.68	72.06	67.96	71.13
	岱山区	71.10	74.54	64.04	69.56	79.69	72.08	72.35
	嵊泗县	68.33	69.34	62.29	68.24	67.15	73.58	68.25
2011	定海区	70.86	64.94	64.28	67.42	71.00	69.92	68.15
	普陀区	70.69	70.69	64.29	65.12	70.72	63.27	68.23
	岱山区	62.39	65.10	63.07	67.35	60.68	61.99	63.71
	嵊泗县	63.00	69.34	64.31	67.43	68.86	70.15	67.06

续 表

年份	企业规模	EW1	EW2	EW3	EW4	EW5	EW6	规模分类预警指数
	指标权重	22.05	22.05	10.06	19.64	16.36	9.84	
2012	定海区	71.74	68.67	64.15	58.25	69.51	68.40	66.96
	普陀区	73.02	70.18	67.47	63.64	67.89	66.39	68.50
	岱山区	62.39	62.95	60.63	62.57	63.78	62.22	62.58
	嵊泗县	61.40	57.62	52.75	63.84	60.50	58.35	59.73
2013	定海区	71.71	68.92	64.62	54.49	68.77	70.18	66.37
	普陀区	72.69	70.59	66.97	62.52	66.15	66.45	67.97
	岱山区	62.04	60.78	66.97	60.62	62.61	62.45	62.11
	嵊泗县	62.00	57.14	53.00	63.00	57.50	60.00	59.29

(三)MECWI 模型有效性的验证结果

1.灯号预测准确率验证结果

用 2011—2013 年舟山 MECCI 值(包括 1 个总指数、3 个产业分类指数、4 个规模分类指数、4 个地区分类指数和 14 个行业分类指数,不包括信用维度分类指数)的全部 78 个灯号去反向验证 2010—2012 年间舟山 MECWI 值(不包 6 项括信用预警指标的灯号)中的灯号的准确率。其中预测错误的灯号为 3 个,准确率达到 96.15%,这表明本书构建的 MECWI 模型是有效的。

2.时差相关性验证法结果

由于本书中测算的指数(包括总指数和各分类指数)在样本期间内除个别指数外,大多数都较为平稳地运行在绿灯区,灯号变动并不频繁,因此,仅依靠灯号预测准确率验证法是不够的。下面采用时差相关性验证法,将 2011—2013 年舟山 MECCI 测算所得指数值(包括 1 个总指数、3 个产业分类指数、4 个规模分类指数、4 个地区分类指数和 14 个行业分类指数,不包括信用维度分类指数)和 2010—2012 年的 MECWI 指数值(不包 6 项括信用预警指标的灯号),以 1 年为时差间隔逐一匹配,共计 78 对数据,然后计算时差相关系数,最终得到的时差相关系数 R_k =0.875,双侧显著性检验 P 值=0.000。这表明,两者之间高度相关,因此同样可以验证本书构建的 MECWI 模型是有效的。

第八章
舟山信用海洋经济生态分析

一、舟山信用海洋经济现状分析

(一)舟山信用海洋经济指数灯号分析

1.舟山 MECCI 的总指数和各分类指数灯号分析

从历年综合指数来看,2010—2013 年,舟山的 MECCI 值一直运行于绿灯区,区域信用海洋经济属于正常级范围;从历年维度分类指数来看,6 个维度分类指数除 2013 年的偿债能力处于黄灯区,属于关注级之外,其余均处于绿灯区,属于正常级范围;从历年规模分类指数来看,除 2013 年微型企业处于黄灯区,属于关注级之外,其余均运行于绿灯区,属于正常级范围;从历年地区分类指数来看,除 2013 年嵊泗县处于黄灯区,属于关注级之外,其余均运行于绿灯区,属于正常范围。如表8-1 所示:

表 8-1　舟山 MECCI 的总指数和各分类指数灯号分析

总指数和分类指数		2010 年	2011 年	2012 年	2013 年
MECCI 综合指数	指数值	74.00	72.79	70.81	69.17
	灯号	绿灯区	绿灯区	绿灯区	绿灯区

	总指数和分类指数		2010 年	2011 年	2012 年	2013 年
按维度分	产业信用素质指数	指数值	72.35	65.26	65.73	62.06
		灯号	绿灯区	绿灯区	绿灯区	绿灯区
	产业经济实力指数	指数值	64.83	64.23	64.39	61.97
		灯号	绿灯区	绿灯区	绿灯区	绿灯区
	产业偿债能力指数	指数值	66.88	62.82	60.68	59.67
		灯号	绿灯区	绿灯区	绿灯区	黄灯区
	产业经营能力指数	指数值	77.18	76.96	76.69	76.49
		灯号	绿灯区	绿灯区	绿灯区	绿灯区
	产业发展潜力指数	指数值	75.64	76.1	71.51	68.78
		灯号	绿灯区	绿灯区	绿灯区	绿灯区
	产业外部信用环境指数	指数值	74.01	69.77	66.84	65.46
		灯号	绿灯区	绿灯区	绿灯区	绿灯区
按产业分	海洋第一产业信用指数	指数值	72.33	65.81	71.24	66.62
		灯号	绿灯区	绿灯区	绿灯区	绿灯区
	海洋第二产业信用指数	指数值	74.65	73.44	69.84	68.52
		灯号	绿灯区	绿灯区	绿灯区	绿灯区
	海洋第三产业信用指数	指数值	73.32	73.40	72.40	70.86
		灯号	绿灯区	绿灯区	绿灯区	绿灯区
按规模分	大型企业信用指数	指数值	66.46	71.62	64.37	69.59
		灯号	绿灯区	绿灯区	绿灯区	绿灯区
	中型企业信用指数	指数值	71.72	73.17	70.26	68.41
		灯号	绿灯区	绿灯区	绿灯区	绿灯区
	小型企业信用指数	指数值	74.25	72.04	70.80	69.89
		灯号	绿灯区	绿灯区	绿灯区	绿灯区
	微型企业信用指数	指数值	68.78	72.73	66.25	59.23
		灯号	绿灯区	绿灯区	绿灯区	黄灯区

续　表

总指数和分类指数		2010 年	2011 年	2012 年	2013 年
按地区分	定海区信用指数 指数值	67.52	67.19	64.71	62.83
	定海区信用指数 灯号	绿灯区	绿灯区	绿灯区	绿灯区
	普陀区信用指数 指数值	66.68	67.84	66.37	66.34
	普陀区信用指数 灯号	绿灯区	绿灯区	绿灯区	绿灯区
	岱山区信用指数 指数值	67.51	71.11	60.58	60.74
	岱山区信用指数 灯号	绿灯区	绿灯区	绿灯区	绿灯区
	嵊泗县信用指数 指数值	63.72	63.61	65.15	57.98
	嵊泗县信用指数 灯号	绿灯区	绿灯区	绿灯区	黄灯区

2. 舟山 14 个主要海洋产业分类指数灯号分析

如表 8-2 所示，可以看出，2010—2013 年间，舟山 14 个主要海洋产业的 MEC-CI 分类指数大多均运行于绿灯区，属于正常级范围；其中 2013 年的滨海旅游业处于蓝灯区，属于安全级范围；海洋新兴产业除 2011 年处于绿灯区之外，一直运行于蓝灯区，这表明海洋新兴产业的信用状况非常良好。

表 8-2　舟山 14 个主要海洋产业信用分析

海洋产业分类指数		2010 年	2011 年	2012 年	2013 年
海洋渔业	指数值	72.23	65.81	71.24	66.62
	灯号	绿灯区	绿灯区	绿灯区	绿灯区
海洋第一产业	指数值	72.23	65.81	71.24	66.62
	灯号	绿灯区	绿灯区	绿灯区	绿灯区
海洋工程建筑业	指数值	68.07	75.03	69.32	71.48
	灯号	绿灯区	绿灯区	绿灯区	绿灯区
海洋船舶工业	指数值	75.20	70.53	66.36	62.74
	灯号	绿灯区	绿灯区	绿灯区	绿灯区
海洋建筑与安装业	指数值	66.51	66.71	61.96	63.22
	灯号	绿灯区	绿灯区	绿灯区	绿灯区
涉海产品加工制造业	指数值	75.36	74.54	74.80	69.02
	灯号	绿灯区	绿灯区	绿灯区	绿灯区

续　表

海洋产业分类指数		2010 年	2011 年	2012 年	2013 年
海洋设备制造业	指数值	78.85	77.67	73.59	73.79
	灯号	绿灯区	绿灯区	绿灯区	绿灯区
海洋油气业	指数值	78.94	78.24	76.87	75.87
	灯号	绿灯区	绿灯区	绿灯区	绿灯区
海洋第二产业	指数值	74.65	73.44	69.84	68.52
	灯号	绿灯区	绿灯区	绿灯区	绿灯区
海洋交通运输业	指数值	71.25	69.73	67.97	63.71
	灯号	绿灯区	绿灯区	绿灯区	绿灯区
海洋批发与零售业	指数值	77.20	76.07	73.83	71.61
	灯号	绿灯区	绿灯区	绿灯区	绿灯区
涉海服务业	指数值	67.38	68.18	65.45	71.01
	灯号	绿灯区	绿灯区	绿灯区	绿灯区
滨海旅游业	指数值	74.01	77.25	79.56	82.62
	灯号	绿灯区	绿灯区	绿灯区	蓝灯区
港口物流业	指数值	72.86	75.55	76.09	70.15
	灯号	绿灯区	绿灯区	绿灯区	绿灯区
海洋新兴产业	指数值	81.67	75.61	80.81	80.15
	灯号	蓝灯区	绿灯区	蓝灯区	蓝灯区
其他海洋相关产业	指数值	76.18	78.54	73.08	74.14
	灯号	绿灯区	绿灯区	绿灯区	绿灯区
海洋第三产业	指数值	73.32	73.4	72.4	70.86
	灯号	绿灯区	绿灯区	绿灯区	绿灯区

(二)舟山信用海洋经济变动趋势分析

1.舟山 MECCI 趋势分析

从 2010—2013 年舟山 MECCI 的趋势分析来看,尽管样本期内指数一直运行于绿灯区,属于正常级范围;但是,综合指数整体呈非常明显的下降趋势。这表明,2010 年以来,舟山信用海洋经济呈下行态势。具体如图 8-1 所示。

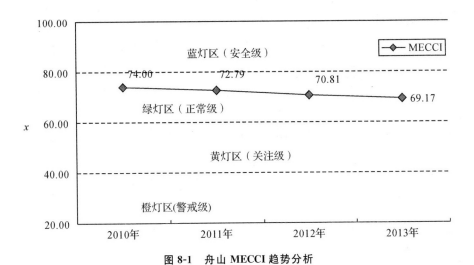

图 8-1　舟山 MECCI 趋势分析

2. 舟山 MECCI 维度分类指数趋势分析

从维度分析来看,2010—2013 年舟山 MECCI 的 6 个维度分类指数整体处于绿灯区,但也都呈现出较为明显的下行趋势;尤其是其中的产业偿债能力指数,在6 项分类指数中处于相对较低的水平,同时在 2013 年,指数首次滑落到了黄灯区。这意味着,舟山海洋相关产业企业的整体偿债能力需要格外的关注。具体如图 8-2所示。

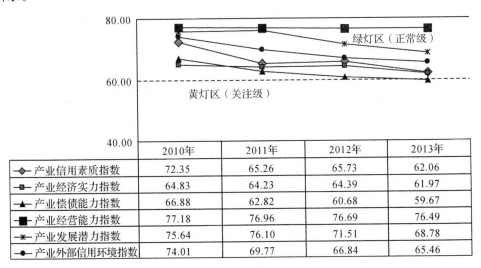

	2010年	2011年	2012年	2013年
◆ 产业信用素质指数	72.35	65.26	65.73	62.06
■ 产业经济实力指数	64.83	64.23	64.39	61.97
▲ 产业偿债能力指数	66.88	62.82	60.68	59.67
■ 产业经营能力指数	77.18	76.96	76.69	76.49
✳ 产业发展潜力指数	75.64	76.10	71.51	68.78
● 产业外部信用环境指数	74.01	69.77	66.84	65.46

图 8-2　舟山 MECCI 维度分类指数趋势分析

3.舟山 MECCI 海洋三次产业分类指数趋势分析

从海洋三次产业分析来看,除 2012 年海洋第一产业 MECCI 值高于海洋第二产业之外,其余年份海洋第一产业的 MECCI 值均低于第二产业和第三产业,这表明海洋第二产业和第三产业的整体信用水平高于海洋第一产业;到 2013 年,舟山海洋三次产业中,海洋第三产业 MECCI 值高于海洋第二产业的 68.52 和海洋第一产业的 66.62,表明其信用整体优于海洋第二产业和第一产业;不管是海洋第一产业、第二产业还是第三产业,2010—2013 年舟山 MECCI 海洋第三产业分类指数均呈明显的下行趋势,其中海洋第二产业的下行速度尤为明显,海洋第一产业在 2012 年曾有所增长,但到 2013 年又快速下滑。具体如图 8-3 所示。

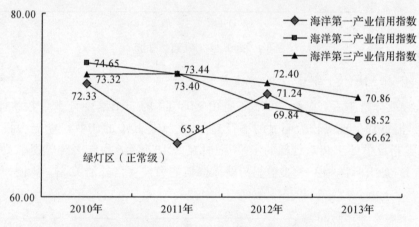

图 8-3 舟山 MECCI 海洋三次产业分类指数趋势分析

4.舟山 MECCI 企业规模分类指数趋势分析

从规模分析来看,2010—2013 年间,与其他规模企业相比,大型企业的 MECCI 值处于相对较低的水平;从趋势上来看,其值在此期间出现了波动,这一点区别于其他规模企业的走势,也表明舟山大型企业的整体信用有改善的迹象;中型企业、小型企业和微型企业则整体呈现下行趋势,尽管中型企业和微型企业在 2011 年曾出现一定程度的改善,但到了 2012 年又出现下滑,且微型企业的 MECCI 值在 2013 年首次滑落到了黄灯区,需要格外的关注。具体如图 8-4 所示。

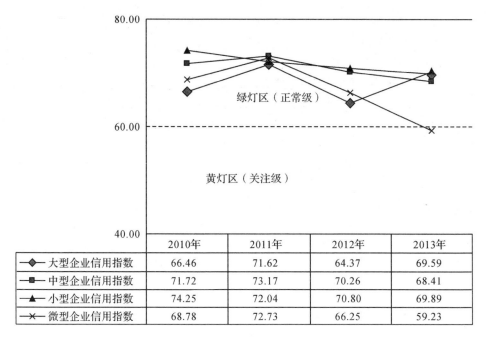

	2010年	2011年	2012年	2013年
◆ 大型企业信用指数	66.46	71.62	64.37	69.59
■ 中型企业信用指数	71.72	73.17	70.26	68.41
▲ 小型企业信用指数	74.25	72.04	70.80	69.89
✕ 微型企业信用指数	68.78	72.73	66.25	59.23

图 8-4　舟山 MECCI 企业规模分类指数趋势分析

5. 舟山 MECCI 地区分类指数趋势分析

从地区分析来看,舟山最主要的 2 个地区,定海区和普陀区的 MECCI 值在 2010—2013 年间均有所下降,但其值略高于其他 2 个地区,从 2013 年的比较来看,普陀区的 MECCI 值最高,其次是定海区,再次是岱山区,最后是嵊泗县;嵊泗县的 MECCI 值在 2013 年间首次滑落到了黄灯区,表明其海洋产业的信用状况需要格外的关注;而岱山区 2013 年 MECCI 值也已经十分接近黄灯区的分界线,因此也需要加以关注。具体如图 8-5 所示。

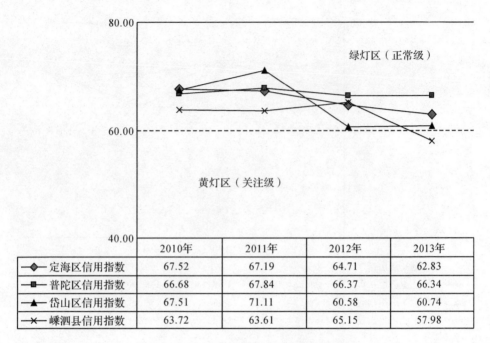

	2010年	2011年	2012年	2013年
◆ 定海区信用指数	67.52	67.19	64.71	62.83
■ 普陀区信用指数	66.68	67.84	66.37	66.34
▲ 岱山区信用指数	67.51	71.11	60.58	60.74
✕ 嵊泗县信用指数	63.72	63.61	65.15	57.98

图 8-5　舟山 MECCI 地区分类指数趋势分析

6.舟山 MECCI 14 个主要海洋产业分类指数趋势分析

从舟山 14 个主要海洋产业的分析来看,不同产业走势出现了明显的分化。第一类 MECCI 值处于整体下滑的态势,主要涉及的海洋产业包括海洋船舶工业、海洋建筑与安装业、涉海产品加工制造业、海洋设备制造业、海洋石油化工业、海洋交通运输业、海洋批发与零售业、港口物流业和其他海洋相关产业;第二类 MECCI 处于波动态势,涉及的海洋产业包括海洋渔业、海洋工程建筑业和海洋新兴产业、涉海服务业;第三类 MECCI 处于上升的态势,主要涉及滨海旅游业。这一结果表明,滨海旅游业的整体信用状况不断得到改善,且 2013 年的 MECCI 值运行于安全级的蓝灯区;海洋渔业、海洋工程建筑业、涉海服务业和海洋新兴产业的信用状况虽有改善迹象,但是其趋势并不明显;而其余的海洋产业的信用状况则尚未出现改善迹象。具体如图 8-6 所示。

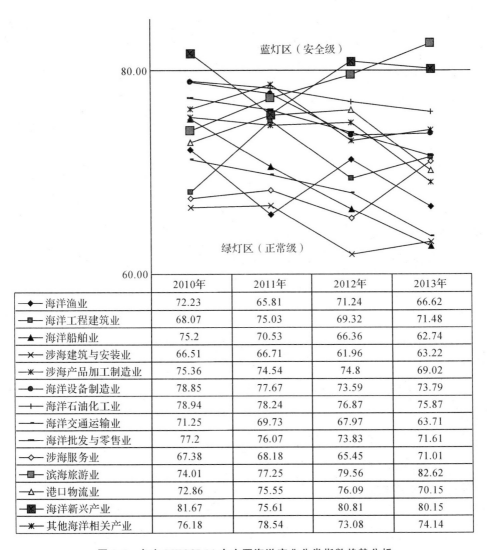

	2010年	2011年	2012年	2013年
◆ 海洋渔业	72.23	65.81	71.24	66.62
■ 海洋工程建筑业	68.07	75.03	69.32	71.48
▲ 海洋船舶业	75.2	70.53	66.36	62.74
✕ 涉海建筑与安装业	66.51	66.71	61.96	63.22
✳ 涉海产品加工制造业	75.36	74.54	74.8	69.02
● 海洋设备制造业	78.85	77.67	73.59	73.79
╋ 海洋石油化工业	78.94	78.24	76.87	75.87
— 海洋交通运输业	71.25	69.73	67.97	63.71
— 海洋批发与零售业	77.2	76.07	73.83	71.61
◇ 涉海服务业	67.38	68.18	65.45	71.01
▦ 滨海旅游业	74.01	77.25	79.56	82.62
△ 港口物流业	72.86	75.55	76.09	70.15
▨ 海洋新兴产业	81.67	75.61	80.81	80.15
✳ 其他海洋相关产业	76.18	78.54	73.08	74.14

图 8-6　舟山 MECCI 14 个主要海洋产业分类指数趋势分析

（三）舟山信用海洋经济波动性分析

1. 舟山 MECCI 波动性分析

从舟山 MECCI 的环比分析来看，2011—2013 年 MECCI 环比指数分别为 98.36%、97.28% 和 97.68%，连续 3 年环比下跌；从下跌幅度来看，3 年的跌幅均在 3 个百分点之内。具体如图 8-7 所示。

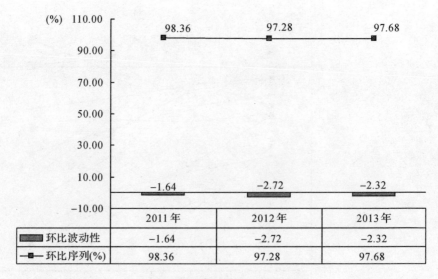

图 8-7　舟山 MECCI 波动性分析

2. 舟山 MECCI 维度分类指数波动性分析

从舟山 MECCI 维度分类指数的环比分析来看,2013 年,6 个维度分类指数均较上一年环比下跌,其中下跌幅度最大的信用素质分类指数较 2012 年下跌 5.58个百分点,跌幅最小的经营能力分类指数较 2012 年下跌 0.26 个百分点。具体如图 8-8 所示。

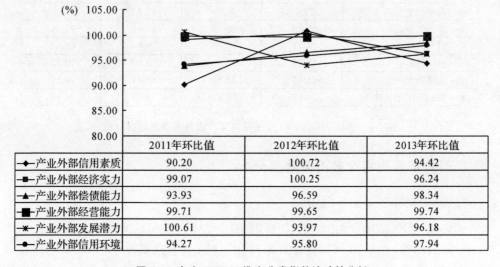

	2011年环比值	2012年环比值	2013年环比值
◆ 产业外部信用素质	90.20	100.72	94.42
■ 产业外部经济实力	99.07	100.25	96.24
▲ 产业外部偿债能力	93.93	96.59	98.34
■ 产业外部经营能力	99.71	99.65	99.74
＊ 产业外部发展潜力	100.61	93.97	96.18
● 产业外部信用环境	94.27	95.80	97.94

图 8-8　舟山 MECCI 维度分类指数波动性分析

3.舟山 MECCI 海洋第三产业分类指数波动性分析

从舟山 MECCI 海洋第三产业分类指数的环比分析来看,2013 年海洋第三产业业均出现环比下跌,其中海洋第一产业环比下跌的幅度最大,达到 6.49 百分点,海洋第二产业和海洋第三产业的下跌幅度则分别为 1.89 百分点和 2.13 百分点。具体如图 8-9 所示。

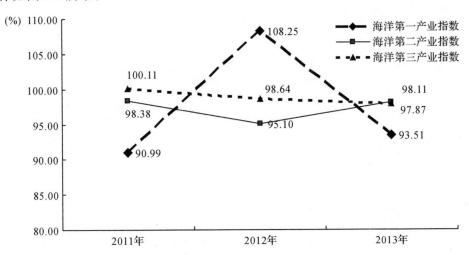

图 8-9　舟山 MECCI 海洋第三次产业分类指数波动性分析

4.舟山 MECCI 规模分类指数波动性分析

从舟山 MECCI 规模分类指数的环比分析来看,2013 年大型企业的 MECCI 分类指数较上一年出现大幅度的环比上涨,涨幅达到 8.11 个百分点;除此之外,其余规模企业 2013 年均环比下跌,其中微型企业的跌幅最大,达到 10.6 个百分点,而小型和微型企业则分别出现小幅下跌。具体如图 8-10 所示。

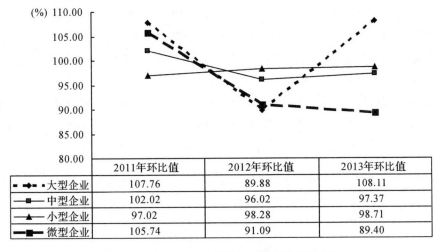

	2011年环比值	2012年环比值	2013年环比值
大型企业	107.76	89.88	108.11
中型企业	102.02	96.02	97.37
小型企业	97.02	98.28	98.71
微型企业	105.74	91.09	89.40

图 8-10　舟山 MECCI 规模分类指数波动性分析

5.舟山 MECCI 地区分类指数波动性分析

从舟山 MECCI 地区分类指数的环比分析来看,2013 年,岱山区的 MECCI 分类指数较上一年环比小幅上涨 0.26 个百分点;定海区与普陀区的 MECCI 分类指数较上一年分别小幅下跌 2.91 个百分点和 0.05 个百分点;而嵊泗县则出现了较大幅度的下跌,其 2013 年 MECCI 分类值数较上一年环比下跌了 11.01 个百分点。具体如图 8-11 所示。

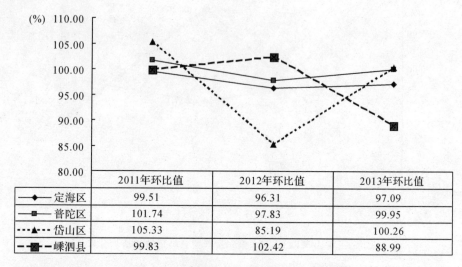

	2011年环比值	2012年环比值	2013年环比值
◆ 定海区	99.51	96.31	97.09
■ 普陀区	101.74	97.83	99.95
▲ 岱山区	105.33	85.19	100.26
▣ 嵊泗县	99.83	102.42	88.99

图 8-11 舟山 MECCI 规模分类指数波动性分析

6.舟山 MECCI 14 个主要海洋产业分类指数波动性分析

从舟山 MECCI 14 个主要海洋产业分类指数分析来看,2013 年,MECCI 环比上涨的行业有 6 个,分别为海洋工程建筑业、海洋建筑与安装业、海洋设备制造业、涉海服务业、滨海旅游业和其他海洋相关产业,其中涨幅最大的涉海服务业,其较 2012 年环比上涨了 8.50 个百分点;2013 年,MECCI 环比下跌的行业有 8 个,分别为海洋渔业(环比下跌 6.49 个百分点)、海洋船舶工业(环比下跌 5.46 个百分点)、涉海产品加工制造业(环比下跌 7.73 个百分点)、海洋石油化工业(环比下跌 1.30 个百分点)、海洋交通运输业(环比下跌 6.27 个百分点)、海洋批发与零售业(环比下跌 3.01 个百分点)、港口物流业(环比下跌 7.81 个百分点)和海洋新兴产业(环比下跌 0.82 个百分点),其中跌幅最大的为港口物流业。具体如图 8-12 所示。

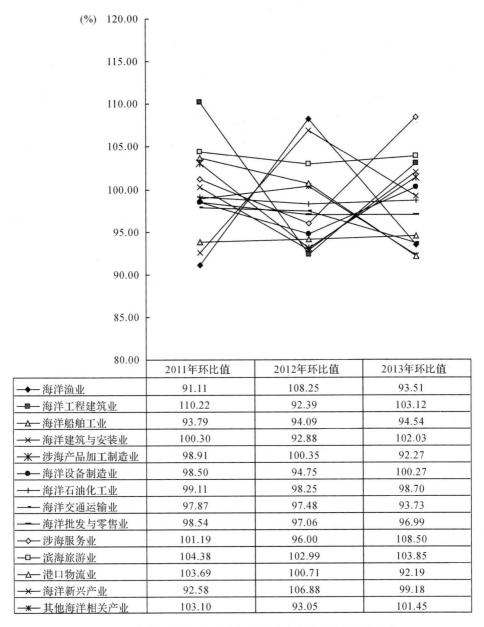

	2011年环比值	2012年环比值	2013年环比值
◆ 海洋渔业	91.11	108.25	93.51
■ 海洋工程建筑业	110.22	92.39	103.12
△ 海洋船舶工业	93.79	94.09	94.54
✕ 海洋建筑与安装业	100.30	92.88	102.03
✳ 涉海产品加工制造业	98.91	100.35	92.27
● 海洋设备制造业	98.50	94.75	100.27
┼ 海洋石油化工业	99.11	98.25	98.70
— 海洋交通运输业	97.87	97.48	93.73
— 海洋批发与零售业	98.54	97.06	96.99
◇ 涉海服务业	101.19	96.00	108.50
□ 滨海旅游业	104.38	102.99	103.85
△ 港口物流业	103.69	100.71	92.19
✕ 海洋新兴产业	92.58	106.88	99.18
✳ 其他海洋相关产业	103.10	93.05	101.45

图 8-12 舟山 MECCI 14 个主要海洋产业分类指数波动性分析

二、舟山信用海洋经济预警分析

MECWI 是对区域信用海洋经济早期信用风险的预警,其主要着重于对信用变动趋势的预测与分析。在第七章的 MECWI 模型有效性验证中,肯定了 MEC-WI 模型的有效性。因此,在接下去的舟山信用海洋经济预警分析中,主要侧重于应用舟山 2013 年测算的 MECWI 的总指数和各分类指数值去预测下一年度,即 2014 年舟山海洋产业的信用状况,尽管测算的结果也包括了 2010—2012 年的指数值,但这更多的只是用于验证 MECWI 的有效性。

(一)舟山信用海洋经济预警指数灯号预警分析

1.舟山 MECWI 的总指数和各分类指数灯号预警分析

如表 8-3 所示可以看出,2013 年 MECWI 的总指数尽管指数值不断下降,但依然运行在绿灯区,这表明在下一年度中,舟山新区海洋产业的信用仍然将运行在正常级的范围内;MECWI 的 6 项信用预警指标也均处在正常级的范围之内。

从表 8-3 中 2013 年海洋第三产业 MECWI 的分类指数值来看,下一年度舟山 MECWI 海洋第一产业、第二产业和第三产业指数仍将运行在绿灯区;从规模分类指数来看,微型企业的 MECWI 值连续 2 年处于黄灯区,这表明 2014 年微型企业的信用状况将仍然处于黄灯区,依然属于关注级,而其余规模企业则均处于绿灯区,属于正常级范围;从地区分类指数来看,嵊泗县的 MECWI 值连续 2 年处于黄灯区,属于关注级范围,其余地区则均运行在绿灯区,属于正常级范围。

表 8-3 舟山 MECWI 的总指数和各分类指数灯号预警分析

总指数和分类指数		2010 年	2011 年	2012 年	2013 年
MECWI 综合指数	指数值	71.89	68.32	66.24	64.70
	灯号	绿灯区	绿灯区	绿灯区	绿灯区

总指数和分类指数			2010 年	2011 年	2012 年	2013 年
信用预警指标	流动比率	指标值	71.37	69.41	65.62	66.12
		灯号	绿灯区	绿灯区	绿灯区	绿灯区
	速动比率	指标值	73.15	66.01	65.61	62.95
		灯号	绿灯区	绿灯区	绿灯区	绿灯区
	利息保障倍数	指标值	65.96	65.16	65.38	65.39
		灯号	绿灯区	绿灯区	绿灯区	绿灯区
	营业收入利润率	指标值	72.72	71.93	65.81	61.42
		灯号	绿灯区	绿灯区	绿灯区	绿灯区
	营业收入现金率	指标值	73.70	69.15	67.74	67.19
		灯号	绿灯区	绿灯区	绿灯区	绿灯区
	应收账款周转率	指标值	71.57	65.70	68.32	67.10
		灯号	绿灯区	绿灯区	绿灯区	绿灯区
按产业分	海洋第一产业信用指数	指标值	70.31	67.10	66.36	62.45
		灯号	绿灯区	绿灯区	绿灯区	绿灯区
	海洋第二产业信用指数	指标值	71.61	66.67	63.40	62.80
		灯号	绿灯区	绿灯区	绿灯区	绿灯区
	海洋第三产业信用指数	指标值	72.84	71.61	71.13	69.76
		灯号	绿灯区	绿灯区	绿灯区	绿灯区
按规模分	大型企业信用指数	指数值	71.80	64.89	68.43	67.22
		灯号	绿灯区	绿灯区	绿灯区	绿灯区
	中型企业信用指数	指数值	72.77	67.15	65.80	65.50
		灯号	绿灯区	绿灯区	绿灯区	绿灯区
	小型企业信用指数	指数值	69.68	68.83	66.87	66.72
		灯号	绿灯区	绿灯区	绿灯区	绿灯区
	微型企业信用指数	指数值	68.19	65.94	59.71	55.72
		灯号	绿灯区	绿灯区	黄灯区	黄灯区

总指数和分类指数			2010 年	2011 年	2012 年	2013 年
按地区分	定海区信用指数	指数值	70.84	68.15	66.96	66.37
		灯号	绿灯区	绿灯区	绿灯区	绿灯区
	普陀区信用指数	指数值	71.13	68.23	68.50	67.97
		灯号	绿灯区	绿灯区	绿灯区	绿灯区
	岱山区信用指数	指数值	72.35	63.71	62.58	62.11
		灯号	绿灯区	绿灯区	绿灯区	绿灯区
	嵊泗县信用指数	指数值	68.25	67.06	59.73	59.29
		灯号	绿灯区	绿灯区	黄灯区	黄灯区

2.舟山 14 个主要海洋产业分类指数灯号分析

2013 年,舟山 14 个主要海洋产业 MECWI 分类指数中如表 8-4 所示,第二产业中的海洋船舶工业指数值继续下行,连续 2 年维持在黄灯区,这表明 2013 年舟山海洋船舶工业的信用属于关注级;而第三产业中的涉海服务业、滨海旅游业和海洋新兴产业连续 2 年维持在蓝灯区,表明这些行业当前和接下来一段时间内的信用状况非常良好,属于安全级范围;此外,其余行业目前和接下来一年内,信用状况仍将会维持在正常级的范围内。

表 8-4　舟山 14 个主要海洋产业 MECWI 灯号预警分析

海洋产业分类指数		2010 年	2011 年	2012 年	2013 年
海洋渔业	指数值	70.31	67.10	66.36	62.45
	灯号	绿灯区	绿灯区	绿灯区	绿灯区
海洋第一产业	指数值	70.31	67.10	66.36	62.45
	灯号	绿灯区	绿灯区	绿灯区	绿灯区
海洋工程建筑业	指数值	71.46	65.17	63.27	62.31
	灯号	绿灯区	绿灯区	绿灯区	绿灯区
海洋船舶工业	指数值	68.65	65.93	59.78	58.99
	灯号	绿灯区	绿灯区	黄灯区	黄灯区
海洋建筑与安装业	指数值	64.26	64.13	66.93	65.89
	灯号	绿灯区	绿灯区	绿灯区	绿灯区

续　表

海洋产业分类指数		2010 年	2011 年	2012 年	2013 年
涉海产品加工制造业	指数值	71.22	69.15	65.91	64.76
	灯号	绿灯区	绿灯区	绿灯区	绿灯区
海洋设备制造业	指数值	75.87	67.58	63.38	64.29
	灯号	绿灯区	绿灯区	绿灯区	绿灯区
海洋油气业	指数值	74.37	71.02	63.54	63.23
	灯号	绿灯区	绿灯区	绿灯区	绿灯区
海洋第二产业	指数值	71.61	66.67	63.40	61.61
	灯号	绿灯区	绿灯区	绿灯区	绿灯区
海洋交通运输业	指数值	73.26	69.57	66.84	62.80
	灯号	绿灯区	绿灯区	绿灯区	绿灯区
海洋批发与零售业	指数值	72.50	71.35	67.17	66.98
	灯号	绿灯区	绿灯区	绿灯区	绿灯区
涉海服务业	指数值	67.20	72.42	80.81	80.54
	灯号	绿灯区	绿灯区	蓝灯区	蓝灯区
滨海旅游业	指数值	74.35	75.23	80.40	81.43
	灯号	绿灯区	绿灯区	蓝灯区	蓝灯区
港口物流业	指数值	77.55	73.78	72.85	62.03
	灯号	绿灯区	绿灯区	绿灯区	绿灯区
海洋新兴产业	指数值	77.50	70.28	80.61	81.23
	灯号	绿灯区	绿灯区	蓝灯区	蓝灯区
其他海洋相关产业	指数值	70.11	71.61	66.76	64.48
	灯号	绿灯区	绿灯区	绿灯区	绿灯区
海洋第三产业	指数值	72.84	71.61	71.13	69.76
	灯号	绿灯区	绿灯区	绿灯区	绿灯区

(二)舟山信用海洋经济趋势预警分析

1.舟山 MECWI 的总指数趋势预警分析

从舟山 MECWI 的趋势预警分析来看,和 MECCI 的整体趋势一样,MECWI 在 2010—2013 年间也呈现整体下行的趋势。2013 年,MECWI 值尽管维持在绿灯区的正常范围之内,但指数值已接近黄绿灯的交界点,这表明舟山地区在接下来的一段时期内,信用海洋经济仍有向不利方向变动的趋势。这主要跟国内和舟山地区宏观经济形势有关,国内经济增速放缓,加上国际经济复苏乏力,在一定程度上延缓了海洋产业整体信用状况的改善。具体如图 8-13 所示。

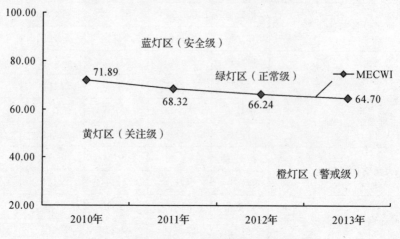

图 8-13　舟山 MECWI 的总指数趋势预警分析

2. 舟山 MECWI 海洋三次产业分类指数趋势预警分析

从海洋三次产业角度对舟山 MECWI 的趋势预警分析来看,海洋三次产业在2010—2013 年间均呈现了整体下行的趋势,尽管目前指数尚运行在绿灯区的正常范围,但是已经越来越接近黄绿的交界点。从 2013 年海洋第三产业 MECWI 的结果来看,下一年度舟山的信用海洋经济仍然会运行在绿灯区,其中海洋第三产业 MECWI信用预警指数尽管是下行,但其和海洋第一产业、海洋第二产业相比,整体信用状况尚可,而海洋第一产业和第二产业形势则不容乐观。具体如图 8-14 所示。

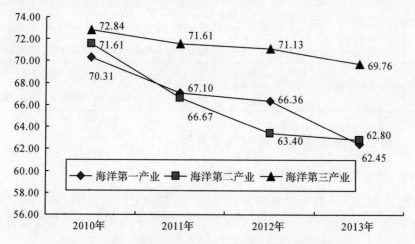

图 8-14　舟山 MECWI 海洋三次产业分类指数趋势预警分析

3. 舟山 MECWI 企业规模分类指数预警趋势分析

从企业规模角度对舟山 MECWI 的趋势预警分析来看,不同规模企业也呈现整体下行的趋势。从 2011 年以来,大型企业的 MECWI 值曾略有反弹迹象,但在 2013 年又继续步入下行的轨道,而其余 3 种规模的企业则一直处于下行轨道上,尚未出现扭转的迹象。尤其是微型企业,继 2012 年步入黄灯区以来,2013 年继续运行在黄灯区,表明其短期内信用生态环境尤其需要关注。具体如图 8-15 所示。

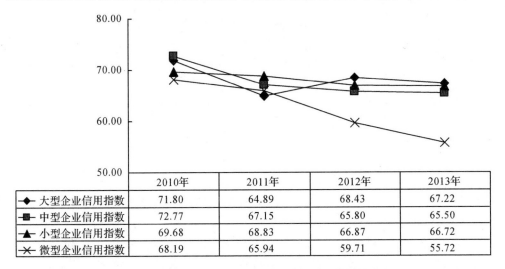

	2010年	2011年	2012年	2013年
◆ 大型企业信用指数	71.80	64.89	68.43	67.22
■ 中型企业信用指数	72.77	67.15	65.80	65.50
▲ 小型企业信用指数	69.68	68.83	66.87	66.72
✕ 微型企业信用指数	68.19	65.94	59.71	55.72

图 8-15 舟山 MECWI 企业规模分类指数预警趋势分析

4. 舟山 MECWI 地区分类指数预警趋势分析

从地区角度对舟山 MECWI 的趋势预警分析来看,定海区、普陀区、岱山区和嵊泗县均呈现下行趋势,但是 2013 年下行的速度有放缓的迹象。嵊泗县的指数值自 2012 年步入黄灯区以来,2013 年依旧运行在黄灯区,表明其短期信用状况并未得到改善。2013 年,定海区和普陀区的预警指数值高于岱山区和嵊泗县,表明短期内这两地的信用状况仍将优于其余两地。具体如图 8-16 所示。

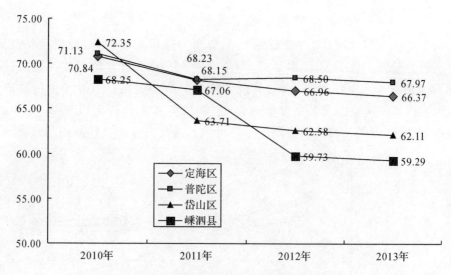

图 8-16 舟山 MECWI 地区分类指数预警趋势分析

5.舟山 14 个主要海洋产业分类指数预警趋势分析

从 14 个主要海洋产业对舟山 MECWI 的趋势预警分析来看,大致可以分为 2 种情形:第一类是信用状况得到改善的海洋产业,主要涉及滨海旅游业、涉海服务业和海洋新兴产业,目前这 3 类产业的 MECWI 值均运行在安全级的蓝灯区,表明其短期内的信用状况非常良好;第二类是整体处于下行趋势中的海洋产业,主要包括除上述 3 类产业之外的其余产业,其中海洋船舶工业的信用状况堪忧,自 2012 年其 MECWI 值步入黄灯区以来,2013 年继续在黄灯区运行。不过值得注意的一点是,尽管大多数海洋产业目前及接下来的一段时间仍将继续下行,但其中不少海洋产业下行的速度已经有了放缓的迹象,个别行业出现了微弱的反弹。具体如图 8-17 所示。

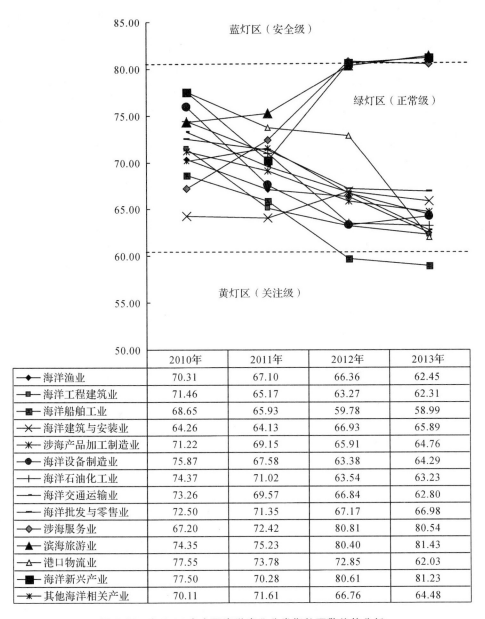

	2010年	2011年	2012年	2013年
◆ 海洋渔业	70.31	67.10	66.36	62.45
■ 海洋工程建筑业	71.46	65.17	63.27	62.31
■ 海洋船舶工业	68.65	65.93	59.78	58.99
✕ 海洋建筑与安装业	64.26	64.13	66.93	65.89
✳ 涉海产品加工制造业	71.22	69.15	65.91	64.76
● 海洋设备制造业	75.87	67.58	63.38	64.29
┼ 海洋石油化工业	74.37	71.02	63.54	63.23
─ 海洋交通运输业	73.26	69.57	66.84	62.80
─ 海洋批发与零售业	72.50	71.35	67.17	66.98
◆ 涉海服务业	67.20	72.42	80.81	80.54
▲ 滨海旅游业	74.35	75.23	80.40	81.43
△ 港口物流业	77.55	73.78	72.85	62.03
■ 海洋新兴产业	77.50	70.28	80.61	81.23
✳ 其他海洋相关产业	70.11	71.61	66.76	64.48

图 8-17　舟山 14 个主要海洋产业分类指数预警趋势分析

(三)舟山信用海洋经济波动性预警分析

1. 舟山 MECWI 的总指数波动性预警分析

从舟山 MECWI 的总指数的环比分析来看,其环比指数连续 3 年低于 100%,

指数环比下降。从下跌幅度来看指数的波动性,3 年的下跌幅度均有缩小。这表明,尽管 MECWI 值趋于下行,但其下行的速度有放缓的迹象。具体如图 8-18 所示。

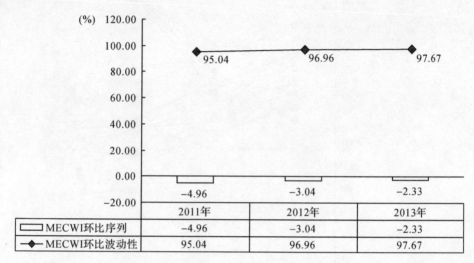

	2011年	2012年	2013年
MECWI环比序列	−4.96	−3.04	−2.33
MECWI环比波动性	95.04	96.96	97.67

图 8-18 舟山 MECWI 的总指数波动性预警分析

2.舟山 MECWI 海洋三次产业分类指数波动性预警分析

从舟山海洋三次产业 MECWI 的环比分析来看,2013 年,海洋三次产业的环比指数均低于 100%,表明短期内指数仍将下行。从指数波动性看,继 2012 年下跌幅度有所减小,2013 年海洋第一产业和海洋第三产业的下跌幅度环比变大,其中环比下跌最大的为海洋第一产业,达到 5.89%,海洋第三产业则环比下跌1.92%;而海洋第二产业的环比下跌幅度在 2013 年则继续缩小,仅 0.94%。具体如图 8-19 所示。

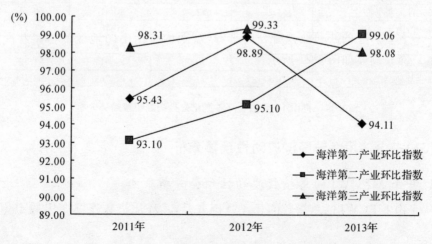

图 8-19 舟山 MECWI 海洋三次产业分类指数波动性预警分析

3.舟山 MECWI 企业规模分类指数波动预警分析

从企业规模角度对 MECWI 指数的波动性进行预警分析可以看出,除大型企业在 2012 年环比值大于 100％,其余则均低于 100％,表明不同规模企业的 MEC-WI 指数值环比下跌。从下跌幅度来看,2013 年中型、小型和微型企业的下跌幅度较上一年有所减小,表明短期内上述企业的下跌速度将有所放缓;而大型企业的下跌幅度则较上一年明显增大,则短期内大型企业的信用也将出现下跌。具体如图 8-20 所示。

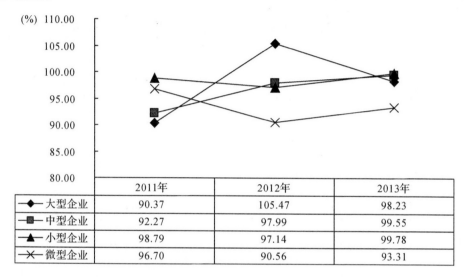

	2011年	2012年	2013年
◆ 大型企业	90.37	105.47	98.23
■ 中型企业	92.27	97.99	99.55
▲ 小型企业	98.79	97.14	99.78
✕ 微型企业	96.70	90.56	93.31

图 8-20　舟山 MECWI 企业规模分类指数波动性预警分析

4.舟山 MECWI 地区分类指数波动性预警分析

从地区角度对 MECWI 指数的波动性预警分析来看,2013 年舟山各地 MEC-WI 的环比指数值均低于 100％,表明其较 2012 年有所下降,虽然下跌的幅度并不大。从对 MECWI 的波动性预警分析来看,短期内舟山不同地区的信用状况仍然会有所下降。具体如图 8-21 所示。

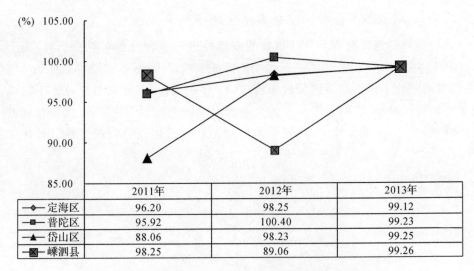

	2011年	2012年	2013年
◆ 定海区	96.20	98.25	99.12
■ 普陀区	95.92	100.40	99.23
▲ 岱山区	88.06	98.23	99.25
⊠ 嵊泗县	98.25	89.06	99.26

图 8-21　舟山 MECWI 地区分类指数波动性预警分析

5. 舟山 MECWI 14 个主要海洋产业分类指数波动性预警分析

从舟山 14 个主要海洋产业 MECWI 的波动性预警分析来看,大致可以分为 3 类:第一类是环比指数走势呈现"V"型走势的海洋产业,主要包括海洋船舶工业、涉海产品加工制造业、海洋石油化工业、海洋批发与零售业和其他海洋相关产业,这些行业 2013 年的下跌幅度较上一年有所减小;第二类是环比指数走势呈现倒"V"型走势的海洋产业,主要包括海洋渔业、涉海建筑与安装业、海洋交通运输业、涉海服务业、滨海旅游业、港口物流业和海洋新兴产业,这些行业 2013 年的 MECWI 环比指数值较 2012 年减小;第三类是环比指数呈现上行走势的海洋产业,主要包括海洋工程建筑业和海洋设备制造业。从 2013 年的全部海洋产业的环比指数值来看,环比上涨的产业包括海洋设备制造业、滨海旅游业和海洋新兴产业,其余,产业均出现环比下跌。其中,下跌幅度最大的为港口物流业。具体如图 8-22 所示。

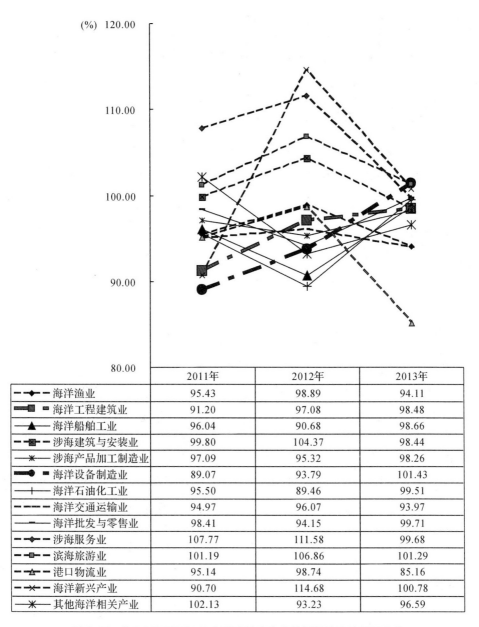

	2011年	2012年	2013年
◆ 海洋渔业	95.43	98.89	94.11
■ 海洋工程建筑业	91.20	97.08	98.48
▲ 海洋船舶工业	96.04	90.68	98.66
▦ 涉海建筑与安装业	99.80	104.37	98.44
✳ 涉海产品加工制造业	97.09	95.32	98.26
● 海洋设备制造业	89.07	93.79	101.43
┼ 海洋石油化工业	95.50	89.46	99.51
海洋交通运输业	94.97	96.07	93.97
海洋批发与零售业	98.41	94.15	99.71
◆ 涉海服务业	107.77	111.58	99.68
▣ 滨海旅游业	101.19	106.86	101.29
△ 港口物流业	95.14	98.74	85.16
✕ 海洋新兴产业	90.70	114.68	100.78
✳ 其他海洋相关产业	102.13	93.23	96.59

图 8-22　舟山 MECWI14 个主要海洋产业分类指数波动性预警分析

三、舟山信用海洋经济生态建设的对策建议

(一)加强舟山社会信用体系建设,为信用海洋经济营造良好的氛围

良好的信用环境是舟山海洋经济健康可持续发展必不可少的外部条件,舟山社会信用体系建设是促进本地区资源优化配置、产业结构优化升级的重要前提。当前国家十分重视社会信用体系建设。党的十八大报告提出"加强政务诚信、商务诚信、社会诚信和司法公信建设",党的十八届三中全会提出"建立健全社会诚信体系,褒扬诚信,惩戒失信",以及《中华人民共和国国民经济和社会发展第十二个五年规划纲要》中也明确提出要"加快社会信用体系建设"。2014 年 6 月《社会信用体系建设规划纲要(2014—2020 年)》正式发布。舟山地区应以此为契机,切实推进本地区社会信用体系建设,为信用海洋经济营造了一个良好的氛围。

(二)加强舟山海洋经济信用监测能力,提升服务海洋经济发展的水平

当前中国经济进入增速换挡的新常态,舟山海洋经济的发展也迎来了产业转型升级和发展方式转变的换挡期,需要综合考虑海洋生态系统、沿海地区社会系统和经济系统的内在联系和协调发展。在此背景下,亟待加强对海洋经济发展方式转变和布局优化的指导与调节,进一步完善海洋经济调控体系,切实提高海洋经济监测评估的能力。尤其需要注意防范和化解海洋产业结构调整升级,以及海洋经济发展方式转变过程中积累的产业信用风险,切实提高服务海洋经济发展的水平。

(三)以舟山群岛国家级新区获批为契机,切实提升信用软实力

随着 2011 年《浙江海洋经济发展示范区规划》获批与舟山群岛国家级新区正式批准成立,舟山海洋经济发展迎来重大的机遇期。作为"十二五"期间浙江省海洋经济强省战略中最为重要的一环,舟山将打造成为海洋经济发展的先导区、海洋经合开发试验区和长三角地区经济发展的重要增长极,舟山海洋产业的健康发展关乎新区建设的成败。因此,应切实加强舟山海洋经济信用建设,实施行业信用评价与行业分类监管,建立综合性信用信息共享平台,促进信用信息的整合应用,切实提升信用软实力,将自身打造成信用海洋经济示范区。

参考文献

[1] TAM K Y, KIANG M Y. Managerial application of neural networks：the case of bank failure predictions[J]. Management Science，1992，38（7）：926-947.

[2] 徐国祥，等. 统计指数理论、方法与应用研究[M]. 上海：上海人民出版社，2011.

[3] 郭亚军. 综合评价理论、方法及拓展[M]. 北京：科学出版社，2012.

[4] 杜栋，庞庆华，吴炎. 现代综合评价方法与案例精选：第2版[M]. 北京：清华大学出版社，2008.

[5] 邹芳莉. 国内外主要信用指数编制方法的比较研究[J]. 征信，2011(3)：10-12.

[6] 苏为华. 综合评价学[M]. 北京：中国市场出版社，2005.

[7] 林香红，周洪军，刘彬，等. 海洋产业的国际标准分类研究[J]. 海洋经济，2013，3(1)：54-57.

[8] 何广顺，王晓慧. 海洋及相关产业分类研究[J]. 海洋科学进展，2006，24(3)：365-370.

[9] 徐丛春，董伟. 海洋经济统计指标体系研究[J]. 海洋经济，2012，2(4)：13-19.

[10] 殷克东，马景灏，王自强. 中国海洋经济景气指数研究[J]. 统计与信息论坛，2011，26(4)：41-46.

[11] 郭文明，相景丽，肖凯生. 群组AHP权重系数的确定[J]. 华北工学院学报，2000，21(2)：110-113.

[12] 徐泽水. 群组决策中专家赋权方法研究[J]. 应用数学与计算数学学报，2011，15(1)：19-22.

[13] 王莉萍，刘天娇，韩润雨. 金融危机下海洋三大产业的风险特征分析及应对策略[C]. 2009年中国海洋论坛论文集，2009.

[14] 孔海英，周海芬. 舟山海洋经济发展报告[J]. 统计科学与实践，2010(9)：4-6.

[15] 王文洪,丁建伟.舟山海洋经济可持续发展研究[J].浙江海洋学院学报:人文科学版,2000,1(2):26-30.

[16] 李宴喜,陶志.层次分析法中判断矩阵的群组综合构造方法[J].沈阳师范学院学报:自然科学版,2002,20(2):86-90.

[17] 秦学志,王雪华,杨德礼.AHP中群组评判的可信度法:Ⅰ[J].系统工程理论与实践,1999(7):89-93.

[18] 张玲,张佳林.信用风险评估方法发展趋势[J].预测,2000(4):72-75.

[19] 程鹏,吴冲锋,李为冰.信用风险度量和管理方法研究[J].管理工程学报,2002(1):70-73.

[20] 李萍,肖惠民.企业盈利能力评价指标的改进与完善[J].华南金融研究,2003(5):51-53.

[21] 邹小芃,余君,钱英.企业信用评估指标体系与评价方法研究[J].数理统计与管理,2005,24(1):37-44.

[22] 周春喜.企业信用等级综合评价指标体系及其评价[J].科学进步与对策,2003(4):124-126.

[23] 张宝清,李勤.企业如何进行营运能力分析[J].山东商业职业技术学院学报,2006,6(2):26-28.

[24] 谢灵.企业短期偿债能力指标的计算与分析[J].汕头大学学报:人文科学版,1997,13(1).

[25] 夏芳晨,李伟毅.企业长期偿债能力的指标分析[J].财会信报,2009(2).

[26] 中国商业信用环境指数课题组.2012中国城市商业信用环境指数[M].北京:中国方正出版社,2013.

[27] 章政.义乌市场信用指数发展报告[M].北京:中国经济出版社,2009.

[28] 中国商业信用环境指数CEI课题组.2013中国城市商业信用环境指数(CEI)蓝皮书[M].北京:北京燕山出版社,2013.

[29] 艾仁智,陈茵,蔡正高.中国短期出口贸易信用风险指数(2012)ERI[M].北京:中国经济出版社,2012.

[30] 郑京平.中国宏观经济景气监测指数体系研究[M].北京:中国统计出版社,2013.

[31] 张兴旺.中国农产品市场景气指数编制与应用[M].北京:中国农业出版社,2013.

[32] 范柏乃,朱文斌.中小企业信用评价指标的理论遴选与实证分析[J].科研管理,2003(6):83-88.

[33] 陈元燮.建立信用评级指标体系的几个理论问题[J].财经问题研究,2000

(8):3-8.

[34] 吴金星,王宗军.基于层次分析法的企业信用评价方法研究[J].华中科技大学学报:自然科学版,2004(3):109-111.

[35] 任永平,梅强.中小企业信用评价指标体系探讨[J].现代经济探讨,2001(4):60-62.

[36] 周洪军,何广顺,王晓惠,等.我国海洋产业结构分析及产业优化对策[J].海洋通报,2005(2):46-51.

[37] 殷克东,刘雯静.中国海洋经济监测指标体系研究[J].海洋开发与管理,2011(5):94-99.